教科書沒有告訴你的
奇趣冷知識

香港篇

明報出版社編輯部 編著

目錄 ∷

交通工具的故事

香港特色食物從何而來

不為人知的地方趣聞

細數香港之最

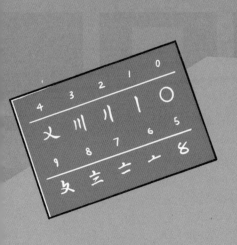

一理通百理明

變幻中的香港

上海男女理髮公司

上海理髮公司

上男專部

上女專部

填海可以解決
土地問題？

　　你知道嗎？香港最早的填海工程，竟然要數到 1842 年，亦即開埠的第二年！但這只是一次偶然發生的事。那時中環皇后大道中與雲咸街有大工程，造成大量沙石。為了方便，就把沙石直接倒進維多利亞港，擴大土地面積。而第一次有計劃的填海，是在 1852 年，名為「文咸填海計劃」，就是今天文咸東街一帶。

　　至於九龍方面，首次非正式的填海工程是在 1867 年的九龍角，即現今尖沙嘴天星碼頭。到了 1876 年，在油麻地擁有地段的業主，竟然有能力自行填海，成就了現在的新填地街。在第二次世界大戰前，政府主力發展港島區

土地，而九龍區的填海，幾乎都是由私人負責的，唯一的例外，是 1930 年，政府為了興建啟德機場而在該地方填了海。

二戰後，政府在 1950 年填平銅鑼灣避風塘，建成了我們現在的維多利亞公園。接下來，50 至 60 年代在柴灣與小西灣、啟德機場、觀塘工業區及紅磡灣，也陸續有填海工程，而在 60 年代末開始，為了興建新市鎮，在屯門青山灣、荃灣、醉酒灣（即現在的葵涌貨櫃碼頭）、沙田等地都有大規模的填海工程。

新界方面，沙田是新界第一個大規模填海工程的所在地，1950 年一位姓劉的商人把城門河畔填平做住宅區。70 年代開始，填海都有不同目的，如因為住宅需求而填海的香港仔、鴨脷洲及鋼線灣（及後輾轉成了數碼港）；為了工業而填海發展的大埔工業邨，此外為了配合地下鐵的開通，太古城、西灣河、筲箕灣至杏花邨海面也有填海，並興建了東區走廊和東區海底隧道。

90 年代是香港填海的黃金時代，除了大嶼山赤鱲角機場、東涌、北大嶼山、西九龍，就連金融中心中環及灣仔都要進一步填海。後來許多環保人士抗議，2003 年終審法院更推翻了灣仔填海計劃，認為填海需要「有迫切及凌駕性的當前需要」，自此填海就變得沒那麼容易了！

移山可以解決
土地問題？

　　香港高山多，平地少，當人口愈來愈多，要容納所有人，除了填海，還可以移山！開山造地。

　　香港一共有 7 個山峰被夷為平地，其中港島區佔了 3 個。第一個是摩理臣山。1849 年，政府發現摩理臣山含有石礦，需要開採，再加上需要發展交通網絡，摩理臣山漸漸地被夷為平地，現在香港專業教育學院摩理臣山分校和愛群閣，至今仍然留有一角石牆作為紀念。第二個是利園山，即現在的希慎廣場，包括波斯富街以東，軒尼詩道及渣甸街以南，邊寧頓街以西，禮頓道以北的區域。1923年，香港商人利希慎以港幣 380 萬元購入了銅鑼灣一個山

丘，並命名為利園山，原本想發展為鴉片煙廠，後來因為禁煙而改為發展物業。1928 年利希慎逝世，利氏家族繼續發展利園山，到 50 年代連山丘也沒有了，現在仍然是銅鑼灣最旺地段之一。第三個則是太古城的康山，現在的康山道、康怡花園及康山花園，仍然通稱康山，就是太古集團為了發展物業時，移平山的遺址。

至於九龍方面也有 3 個：現在紅磡的大環山邨，以前是一個山。50 至 70 年代，大環山是政府的石礦場，在不斷開採下把山移平了。除了大環山邨，也包括了和黃公園。佐敦的官涌山曾是林則徐跟英軍交戰的地方，史稱「官涌之戰」，官涌山在 1909 年被夷平，原因是 1906年發生的一場嚴重風災，令政府要在這個地方建造油麻地避風塘。另外，九龍城的聖山被夷平後就成了啟德機場的客運大樓，但現在啟德機場也成為歷史中的地方了。

在新界方面，只有荃灣的一座山消失了，那就是為了興建象鼻山邨而在 80 年代初被夷平的象鼻山。現在仍然有象鼻山路給邨民前往荃灣及梨木樹，而城門谷公園和城門谷運動場，也是位於象鼻山的山坡上。

維多利亞港內有個
維多利亞城？

　　維多利亞港，應該沒有人不認識；但你又知不知道，香港曾經有個維多利亞城？而這個城現在在哪兒？難道陸沉在維多利亞港海底裏了嗎？

　　此事要說到 1841 年鴉片戰爭時期，當時香港還未割讓給英國。英軍登陸並把香港島佔領，然後打算發展港島西北部海傍一帶。當時正值維多利亞女王（Queen Victoria）在位，故城區命名為 City of Victoria（維多利亞城）。其具體範圍當時的人稱為「四環九約」：四環即「四灣」，分別是下環（灣仔道至軍器廠街）、上環、中環及西環；至於九約是：第一約之堅尼地城至石塘嘴、

第二約之石塘嘴至西營盤、第三約之西營盤、第四約之干諾道西至東半段、第五約之上環街市至中環街市、第六約之中環街市至軍器廠街、第七約之軍器廠街至灣仔道、第八約之灣仔道至鵝頸橋和第九約之鵝頸橋至銅鑼灣。

現在沒有維多利亞城了，但有些遺蹟仍在——說的是維多利亞城碑！1903 年開始，為了標示維多利亞城的界線，豎立了多個四方形柱體的界碑，這些界碑由花崗岩建造，頂部呈錐形，柱身一面中央位置刻有「CITY BOUNDARY 1903」字樣，至今共找到十座：

一：跑馬地黃泥涌道聖保祿天主教小學對面

二：約寶雲道離司徒拔道交界處

三：薄扶林道行人道 48907 號電燈柱

四：馬己仙峽道 15 號（已遺失）

五：舊山頂道與地利根德里交界處

六：克頓道距旭龢道約 400 米

七：西寧街堅尼地城臨時遊樂場

八：龍虎山郊野公園內克頓道下約 212 米的山坡

九：玫瑰崗學校以南面約 212 米的山坡

十：域多利道以南、摩星嶺和前公民村之間約 140 米的山坡

其中位於玫瑰崗學校附近、龍虎山及摩星嶺的界石，在 2021 年才發現，可見有機會還有未曾發現的界石。下次到香港島時，不妨和爸爸媽媽來一趟尋找維多利亞城界碑之旅吧！

為什麼九龍城區的唐樓特別矮？

　　你有沒有想過，為什麼九龍的唐樓特別矮？你又知不知道，人口密集的九龍曾經是全球最多飛機升降的地方之一？

　　香港啟德國際機場由何啟爵士和區德先生合資經營，位於九龍城區，在 1925 年至 1998 年間服務香港人。機場只有一條跑道，跑道三面環山，剩下的一面是九龍城鬧市。為了迴避山峰和市區，飛機升降時需要多次轉彎，所以往返啟德機場的航線非常考驗飛機師的技術。幸好不少航空公司都只會讓經驗豐富的機師駕駛這條航線，所以啟德機場絕少發生大型空難。

為免影響飛機升降，當年的香港政府特地立例規管九龍的住宅高度，令接近機場的九龍城區住宅特別矮。即使如此，當飛機在啟德機場降落時，乘客仍然可以清晰看到旺角、深水埗的街道愈來愈近，機翼像是要碰到民居一樣。當地居民甚至誇張地說，只要在大廈天台舉起晾衣竹便可以把飛機掃下來呢！

　　雖然啟德機場只有一條跑道，但在 90 年代，這裏每年的乘客量都超過 2500 萬，貨運量更達到全球第一。可以想像當年的九龍城區，每天抬頭都能看到不同國家、不同型號的飛機頻繁地來來去去，一定非常壯觀。不過，飛機升降會帶來巨大的噪音，不少居民都深受噪音問題困擾。

　　然而，香港經濟發展導致客貨運的需求急劇增加，啟德機場的客運量已不足以應付需要。加上噪音問題和安全隱憂，令香港政府積極尋找興建新機場的地方。1998 年，赤鱲角機場建成，啟德機場同時宣布關閉。飛機在鬧市中低飛的奇異景色，也正式走入歷史。

沙田曾經有個機場？

　　有去過位於沙田的帝都酒店、沙田裁判法院嗎？在那裏抬頭望天，你會見到飛機正在降落⋯⋯那當然不可能的，除非你穿越了時空！事實上，在 70 年代以前，那裏真的是一個機場。

　　這裏原是白鶴汀村，1949 年，因為國共內戰爆發，英軍需要增派軍隊來港以備不時之需，同時也要加強香港的軍事設施，所以在現時的火炭銀禧花園與駿景園一帶建立了空軍基地，並將現時沙田裁判法院一直到香港文化博物館前的一段獅子山隧道公路，建造了一條 320 米的小型混凝土單跑道飛機場，是給英國陸軍負責偵察任務時使

用的。

　　直到 50 年代，由於政治環境趨向穩定，沙田機場竟然成為與民同樂的地方，在 1953 年和 1955 年分別舉辦過兩次模型滑翔機比賽和模型飛機比賽，後者因故取消，變成了表演賽，大家都玩得很開心。

　　那麼，為什麼機場會變成沙田市中心呢？那就要說到著名的颱風溫黛。爺爺輩們說起 1962 年 9 月 1 日來臨的溫黛，都會說是最恐怖的颱風，這一天，沙田白鶴汀壆被沖出了數個缺口，海水不斷湧至，包括沙田機場在內的眾多低窪地區嚴重水浸，水深超過 3 米，附近的村落更浸死了人，英軍更要「撤退」，撤出了沙田機場！

　　颱風過後，沙田機場被小販佔用，成了出租單車的遊樂場地，到沙田租單車的假日娛樂就是由這個時候開始。直到 1970 年 2 月，政府銳意發展沙田新市鎮，需要這一塊沙田機場土地，就把租單車小販驅趕，他們輾轉到了大圍一帶繼續經營，至今到大圍租單車仍然是香港人一個重要的假日活動。

硬幣中的人物是誰？

　　從日常接觸到的硬幣，有沒有發現當中有些圖案是洋紫荊，而有些則是人像，當中有什麼分別呢？香港現時的硬幣背面都印有洋紫荊圖案，但在殖民地時代，硬幣的正面曾印有歷代國王和女王的肖像。這些小小的硬幣背後，盛載着香港大大的歷史。

　　1864 年，香港第一批硬幣面世，當時只有 1 文、1 仙和 1 毫三種幣值。1 仙是 1 毫的 10%，而 1 文則是 1 仙的 10%。雖然面值很小，但當時通貨膨脹不嚴重，人民生活時常會用到這麼小的幣值。到了 1866 年，政府又推出 5 仙、1 毫、5 毫和 1 元硬幣，這批硬幣與 1 毫、1 仙

硬幣都印有維多利亞女王頭像。

在 1902 至 1954 年間，香港硬幣進入「國王時代」。1902 年推出的硬幣正面是英王愛德華七世，1919 年改為喬治五世，1937 年則變成喬治六世。一直至 1955 年，英女王伊利沙白二世登基後第二年，香港硬幣正面便換上了她的肖像。

「初代」英女王硬幣中，女王頭戴華麗而正式的登基王冠，面容年輕美麗。1975 年，由於硬幣太大太重，所以政府重新鑄造較輕盈的硬幣，並為「二代」英女王硬幣換了新裝，改戴較輕盈的王冠，同時發行 1,000 元面額的紀念金幣。直至 1985 年，因應女王的年歲增長，「三代」硬幣正面變成了壯年女王的頭像。

時至 1993 年，香港即將回歸，香港政府於是以香港市花洋紫荊為題設計硬幣圖案，取代印有女王肖像的硬幣，一直使用至今。而在 1997 年，政府特別設計了六款印有吉祥圖案的硬幣，慶祝香港回歸。紀念幣正面是盛開的洋紫荊圖案及「香港」兩個字；背面則印有各種不同圖案：10 元是青馬大橋，5 元是五「蝠」臨門，2 元是和合二聖，1 元是麒麟，5 毫是該年的生肖「牛」，2 毫是蝴蝶風箏，1 毫是帆船。時至今日，部分英女王硬幣和回歸紀念幣仍然在市面上流通。假如你收到這些硬幣，不妨細心欣賞硬幣上精緻的圖案吧！

郵筒背後有段故？

　　試過寄信或寫卡片嗎？有沒有覺得，比起打短信，親手寫一封信給好朋友，讓他在開郵箱時感受驚喜，較電話的震動通知更窩心？

　　寄信，如果附近沒有郵局，那就要去郵筒了。全港現時設有約 1,150 個郵筒在街道上，其中大部分都是新款的方型玻璃纖維郵箱，小部分則是生鐵鑄造的古郵筒。新型郵箱分為平頂和拱頂兩款，有大小兩個尺寸，亦有另一款可以揭蓋寄郵包的，但在寄出前記緊要貼上足夠面額的郵票，否則可能會令收件人支付額外費用。

古郵筒則分為橢圓柱型郵筒、圓柱型郵筒及嵌牆郵筒，都是 1997 年回歸前留下來的，部分郵筒背後都有段故事。例如在中環皇后像廣場，就有一個全港唯一的橢圓柱型郵筒，又稱「巨型郵筒」，這個郵筒有兩個入信位，這是由蘇格蘭格拉斯哥的 Lion Foundry Co. 於 70 年代為蘇格蘭鑄造，其中兩個被運到香港，所以其王冠圖案和香港其他殖民地時期留下來的英女王王冠不同，然而，當中一個「巨型郵筒」在 1997 年後轉為方型郵筒，所以皇后像廣場裏的「巨型郵筒」是現時僅存的一個，十分珍貴。至於嵌牆郵筒，坊間稱為「孭仔郵筒」，是指它的筒身再孭上一部售郵票機。1985 年，太子道附近的周大福珠寶金行發生劫案，數個劫匪挾持人質與警員火拼，警員利用一個孭仔郵筒做掩護，最後成功救出人質。郵筒上彈痕纍纍，曾經成為景點，不過案發後幾星期已經重新塗裝。

　　以前的郵筒是紅色的，而現時街道上的郵筒則為了配合香港郵政而使用綠色；每個古郵筒都保留王冠，只漆上綠色，至於新製造的郵筒會貼上香港郵政的標誌。古郵筒是香港郵政文物，現時有五個古郵筒以紅色原貌展覽，其中兩個在香港歷史博物館，兩個在香港郵政郵展廊，餘下的一個於赤柱郵政局外牆。

上課可以看電視？

一理通百理明

現在，在課堂上用電腦輔助教學，可說是理所當然的事；但在爸爸媽媽的年代，在課堂上唯一的科技，居然是電視機？說的是「教育電視」（ETV）。

教育電視 1971 年開始播映，原意是利用當年的「新科技」電視機，令學生更能吸收知識。教育電視最初只有小學三年班的節目，之後逐年「升班」至中學三年級，最後到 1999 年時，連小一二也可以「看電視」，亦有個別科目提供中四五的教材。節目方面，剛開始時有最基本的中文、英文、數學、社會、科學、健教等，90 年代就把社科健合併為常識科，也增設普通話科，教育電視的節目基

本上是隨着課程而更迭。

　　教育電視節目每集 15 分鐘，學校編排課堂時間表時，亦要兼顧教育電視的播放時間，通常會佔半堂。後來錄影機普及，亦有學校把需要的內容錄成錄影帶，靈活播放。教育電視的播放方式大部分時間都依賴無線明珠台和亞洲電視的英文台，各自在早上 8 時至 12 時及下午 12 時至 4 時，播放 4 小時。由於在大氣電波播放，所以有些人在家中也可以觀看教育電視節目。2014 年，港台 31 台啟播，也加入播放教育電視節目，在 4 時後的時間播 1 或 2 小時。

　　隨着網路普及，教育電視也要與時並進，由純粹的電視節目，變成多媒體「學與教」的資源，教育電視不僅是節目，更在香港教育城網站備有參考資料，當中部分節目設有視像光碟和多媒體互動教材光碟，分發到各間學校。

　　可是，無論如何也不能否認，教育電視愈來愈少人看，影響力也隨之下降。2020 年 4 月 17 日，教育電視正式宣布結束製作。同年 6 月 6 日，明珠台停播教育電視，港台電視 31 台也接着跟隨，標誌着教育電視正式成為集體回憶。

什麼都有商店？

　　走在街上，突然想吃薯片、喝汽水的話，總有一間便利店會在你身邊，滿足你的需要。但舊時的香港沒有便利店，人們可以到哪裏購買零食呢？答案很簡單，就是——「士多」。

　　所謂士多，是英文「Store」的音譯，意思是雜貨舖。在 80 年代，香港不少屋邨、住宅附近都有士多。這些店舖主要售賣零食、汽水、雪糕等，供街坊「醫肚」。瓶裝的芬達橙汁、維他奶、綠寶果汁等香港特色飲料，深受當時學生們的愛戴。由於當年的士多老闆大多會回收汽水瓶，所以一些學生喜歡把汽水倒進膠袋裏，與朋友邊走邊

喝。

　　除了零食外，士多還會販賣各類型的商品，很多商品都與當時流行的遊戲有關，例如當時的小孩喜歡玩彈波子，因此士多多數會販售波子，另外亦可以找到飛行棋、鬥獸棋等益智玩意。

　　至於想購買較高級的洋酒和煙草的大人們，則可以前往「辦館」。辦館本來是較高級的店舖，主要售賣進口商品，不過，後來屋邨的辦館為了迎合顧客，加入了零食、雜貨等平民產品，令辦館與士多變得愈來愈相似，後來就難以區分了。

　　不論是士多還是辦館，都曾陪伴一代香港人成長。不少屋邨的士多經營數十年，店主經常跟街坊聊天，看着他們的小孩逐漸長大成人，建立了深厚的感情。可惜，隨着時代改變，24 小時經營的便利店漸漸取代了士多的地位。加上不少舊屋邨重建、政府或業主收回業權，令更多士多結束營業。假如你想一探爸爸媽媽兒時的回憶之地，體驗懷舊的香港，就要把握機會，快點前往士多了！

不用坐飛機都體驗到的上海式服務？

　　你在哪裏理髮的？是有一個洗頭學師專責洗頭，然後指定師傅替你理髮的新潮理髮店，還是要在一部機器上入錢，10 分鐘就完成的 50 元快速理髮店？不妨也問問爺爺嫲嫲公公婆婆是在哪裏理髮的？他們可能會告訴你：「我們去上海舖飛髮的。」

　　上海舖，就是上海飛髮舖。為什麼叫「飛髮」而不是書面語的「理髮」或廣東話也可以用的「剪髮」？有說是廣東人或香港人獨特的英語用法轉化而成，原本是「Fit髮」，即是「個頭 Fit 晒」的意思，漸漸地就變了地道口音的「飛髮」。除了「飛髮」，還有很多行內人才知道

的術語，如頭髮叫「草」，短髮叫「短草」，厚髮叫「疊草」，多頭髮叫「草王」，洗頭叫「漿草」，吹頭叫「爬草」，染髮叫「包草」，電髮叫「放草」等。

這些飛髮舖在戰後由上海人包辦，也有說他們是北方移民，由於香港人當時把北方人統稱為「上海佬」，漸漸地亦把這類理髮店叫做「上海舖」。上海舖的門口，一定會掛上一個紅白藍的旋轉燈筒以作識別，門口一定是恒常關上的玻璃門，分男女兩舖，打開門之後會感到 80 年代舊香港的味道：白色的燈，穿上白衫制服外套、西褲的老師傅。除了剪髮，還會提供剃鬚、按摩及剪指甲等服務。客人會坐上一張啡色的、高高的、固定在地上有點像按摩椅的古董飛髮椅，椅上有個頭枕、磨剃刀用皮帶，當要剃鬚的時候，椅子真的可以向後拗，這真的是按摩椅的概念。

以往，他們只會剪「比較 80 年代」的髮型，如男生的「蛋撻頭」、「陸軍裝」，但現在連韓國髮型也難不到他們，畢竟是數十年經驗的師傅嘛！不過，這類上海舖真的所剩無幾了，加上年輕一代都到髮廊做 Stylist 而後繼無人，當這些師傅們都退休後，大概我們也難以再找到這種舊日的味道了。

價錢牌上的摩斯密碼？

　　見過在一些茶餐廳的古舊餐牌，或者放在小巴車頭的價錢牌，有一些鬼劃符的數字嗎？這些不是鬼劃符，而是蘇州碼子，又稱花碼，是中國蘇州獨特的數字符號。

　　花碼是一種十進制的計算系統，其 1 至 9 的寫法見上圖。有趣的是，6 至 8 的寫法，是在「一橫」、「二橫」和「三橫」上面加一豎，一定要是一豎，不能是一點，否則會讓人誤會那是中文字。這種花碼的寫法，是分為兩行，第一行是數值，第二行是量級和單位，以下是其中兩個例子：

｜ ☰ ☲ ‖
百斤

上面的數字是「1872」，預設是個位數，即 1.872，下方左邊是百字，即是這個字要換成百位數，所以是「1.872x100」，右邊斤是單位，答案是 187.2 斤。

攵 ☰
千元

數字是 98，即 9.8，千元，即 9.8x1,000，答案是 9,800 元。

規範是第一行用花碼，第二行用中國字，不過為了簡筆，萬字會寫成「万刀甲」的「万」。如果第一行只有一個字，數量會記在右邊，如：

☰ 十
元

如果數量是一，也可直接將單位記在右邊，如：

☰ 寸

花碼最有趣的地方，是它脫離了中文的直行右至左書寫，而是由左至右的橫向記法，由於來自算籌，所以跟以前用算盤計算的店舖是天作之合。

花碼是南宋時期從算籌（中國古代另一計算系統）分出來的分支，與算籌不同，算籌用在數學和工程上，花碼則是用在商業領域，最主要用途是速記。

但隨着阿拉伯數字的引入，花碼漸漸式微。80 年代開始，公共小巴也漸漸改以阿拉伯數字做價錢牌。

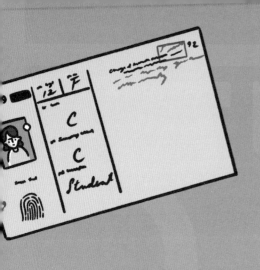

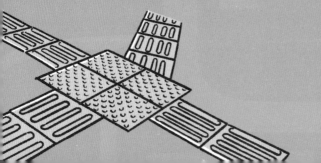

你忽略了的
生活小知識

從前的身分證
是用手抄的？

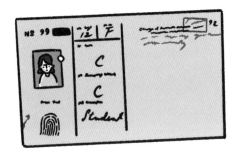

你知道，你手上的身分證有多獨一無二嗎？

2018 年 10 月開始更換的第二代智能身分證，被稱新一代智慧型身分證系統，擁有以下四大特徵：

一、最新穎的防偽特徵，包括具波浪及立體效果的全像圖，觸覺浮雕特徵，透明窗口，多元化圖案背景，彩色紫外線圖案等；

二、新一代的灰階雷射印刷技術以及新一代的聚碳酸不碎膠；

三、保安程度更高以及更大容量晶片，能夠透過接觸與非接觸方式讀取；

　　四、引入無線傳輸技術及內建射頻識別（RFID）。

　　既難讓人偽冒，又可以用來過 e 道等，可謂集私隱與方便於一身。但從前的身分證，竟然是人手書寫的！話說身分證制度是在 1949 年才開始實施的，當時是由於很多人從中國內地湧來香港，香港需要控制人口，當時的身分證只是一張以人手填上資料的紙張。直到 1960 年 6 月，香港政府發出第二代身分證，開始有指模和大頭照片，資料則是以打字機填上，然後再過膠。1973 年 11 月，香港政府發出第三代身分證，取消了指模。這兩代身分證上均蓋有簽發印章，綠色代表居港不足七年的居民，黑色代表永久居民，所以當時的新移民被稱為「綠印客」。

　　1983 年 3 月，第一代電腦身分證出現，加強了防偽外，再以塑膠硬膜代替過膠。1987 年 6 月的第二代，則是為主權移交做準備，移除了身分證背面的香港紋章。值得一提的是，電腦身分證所顯示的照片常為人垢病不漂亮，人們變得非常介意公開自己的身分證照片。直到 2003 年，香港終於引入第一代智能身分證，當中最直接影響的是市民可以憑身分證出入香港。

藏在身分證字母裏 的信息？

如果我說，你只要告訴我身分證號碼的第一個英文字，我就立即可以說出關於你的一些背景，會覺得很驚訝嗎？

比如，時代。如果身分證字母是 A、B、C、D、E、G 和 H，那就是 1983 年 3 月 28 日以前領取身分證的，不同的字母是代表在哪一區的辦事處簽發。如果該人士沒有中文姓名的話，則會在以上字母前，再加多一個 X 字。

事實上，從 1980 年開始，香港出生證明書的號碼，

才跟身分證號碼相同。換言之，1980 年後出生的人，在取得出世紙前已經知道身分證號碼，所以「70 後」有可能比「80 後」更遲知道自己的身分證號碼。而 1980 年 1 月 1 日至 1988 年 12 月 31 日於香港登記出生的人士，會用 Z 字頭，這是首個不按舊時代以辦事處劃分的英文字母；1989 年 1 月 1 日至 2005 年 3 月 31 日登記出生的人則用 Y、2005 年 4 月 1 日至 2019 年 5 月 31 日用 S，現在出世的則用 N。

　　至於那一班「70 後」，即在 80 年代才滿 11 歲拿兒童身分證時才獲得號碼的，就是用 K 字。1990 年 8 月 1 日，K 字用完，用 P 字。當然，沒有那麼多「70 後」未領證，所以這一條隊後來是給不在香港出世的人。到 2000 年時用 R 字，2011 年用 M 字，2020 年用 F 字。

　　直至 2003 年 8 月，11 歲以下兒童獲簽發編號 V 字頭的簽證身分書會成為其日後的身分證號碼。此類人士大多為持單程證移居香港，而當時尚未合資格成為香港永久性居民。

　　英文字母只有 26 個，如果用盡了，政府說會推出雙英文字母的身分證號碼。不知道哪一位幸運兒會成為第一個呢？

房屋是怎樣分類的？

　　土地問題好像是市民經常掛在口邊的議題，但你知道香港的房屋構成嗎？香港房屋可以分為三大類：公共房屋、資助房屋和私人房屋。

　　公共房屋，我們一般稱為「公屋」，是政府永久租予低收入市民的房屋。一共有兩種，一種由房委會提供，另一種由香港房屋協會（房協）興建，官方只稱房委會提供的為「公屋」，房協的則是「出租屋邨」，但民間對兩者的稱呼都是「公屋」。房委會的公屋都是稱為「邨」，最早的公屋是石硤尾邨，興建於 1957 年石硤尾大火之後。至於房協的有一半稱為「邨」，另外也有稱為「村」、「大

廈」和「花園」的。

資助房屋方面則是五花百門。單是房委會提供的，就有「租者置其屋計劃」公屋、「綠置居」、居者有其屋計劃屋苑，簡稱「居屋」。房協興建的則有「住宅發售計劃」屋苑、資助出售房屋項目屋苑，以及夾心階層住屋計劃屋苑，簡稱「夾屋」。香港人對居屋和夾屋比較有認識。以上計劃多多，申請方法和資格都不一樣，但目標都是給中等至低收入家庭置業。

私人房屋則是由個別地產商自行投資的房屋項目，價錢會根據市場而有大幅變動，有些人會視之為投資。至於私人房屋也可分為：唐樓，獨立一幢沒有升降機的舊樓；洋樓，獨立一幢有升降機的房屋；屋苑，有超過一座，設有升降機、大堂甚至會所的，其中價錢特別貴的，會被稱為「豪宅」；「村屋」則是指兩三層高的小棟屋，多在交通不便的地方；「丁屋」，是新界原居民的男性後人獲准在他們的私人土地裏興建的房屋，毋須向政府補地價，會有「丁屋」這情況，是因為 70 年代政府要發展新界，為了得到當地的原住民支持而訂立了這個長期的臨時政策。

此外還有中轉房屋，給未符合入住正常公共屋邨資格的寮屋拆除戶，以及受拆除、天災或其他原因影響人士提供的臨時居所。寮屋是非法搭建的鐵皮屋、木屋，目前還有少量，但政府正準備逐一取締。

在沒有膠袋前，人們是用什麼來盛裝東西？

　　有沒有想過，在膠袋還未普及之前，人們是用什麼盛載在街市買到的戰利品？40 至 70 年代的香港街市，盛物用的不是膠袋，而是鹹水草與報紙。無論是菜、肉，還是魚，都會用特別的方法以鹹水草綁好：首先用鹹水草在餸菜上綁兩個圈，再在頂部有節奏地繞兩下，最後用力索緊，就能把餸菜綁得緊緊的。最美妙的地方是，只要用輕輕力拉動鹹水草的末端，便可以解開整個包裝，既不用刀也不用剪。蔬菜有時會用報紙包着，而且還是舊年代拿久了手上會沾上油墨的報紙。

　　後來這個組合被膠袋淘汰，原因是引入了超級市場。

超級市場用膠袋，的確比鹹水草加報紙衛生得多，因此街市亦要與時並進。一般豬肉檔使用膠袋的手法也異於常人，打開袋口之後，不是把豬肉放進去，而是把自己的手放進去，再隔着膠袋拿起豬肉，然後把膠袋反過來用——這樣的話，手就不會真的接觸到豬肉，達到真正的衛生。

2009 年 7 月 7 日，政府規定每個購物塑膠袋需收取不少於港幣 5 角的稅項，而到了 2015 年 4 月 1 日，就全面推行了塑膠袋稅。凡購物袋是：完全或部分由塑膠製成的（如有塑膠薄面或塑膠手挽的紙製購物袋及不織布製成的環保袋）、設有手挽（包括作攜帶用途的繩索或帶條）及售價在港幣 5 元以下，便需徵收塑膠袋稅。不過，亦有一些豁免的時候，如因食品衛生理由而使用的袋、用作包裝的袋，以及隨服務提供的袋，就不需另作收費。換言之，由於衛生關係而使用膠袋的街市濕貨檔，一般都會獲得豁免。

受塑膠袋稅最大影響的是超級市場，以往市民都是拿一兩個大膠袋把在超市買到的各種戰利品放在一起，現在則改為用環保袋。然而，環保袋就更環保了嗎？你有沒有發現，家中太多環保袋了？

地上的黃色塑膠路
有什麼用途？

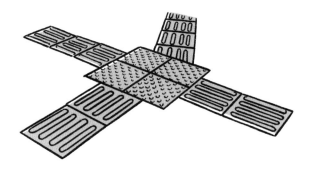

　　在日常生活中，不難發現有許多設施都是為視障人士而設計的，簡單如地鐵站，每個小樓梯，都會有相應的斜路。除此之外，有什麼視障設施是我們常見但忽略了的呢？

　　在港鐵站、巴士站和一些道路上面，常常會見到一條黃色的、有坑紋的塑膠路。這是為視障人士設置的無障礙通道，由多個不同的正方形組成，視障人士沿着這條路，就可以一直向前行。細心一點看，塑膠路是由四條凸起來的長方形指示方向，這是「觸覺引路帶」，視障人士靠着手杖就可以感受方向。遇上要轉彎的地方，就會有四塊正

方形組成一個大的正方形，裏面凸起的圖案不一樣了，是多個小圓點組成的正方形陣，這是「觸覺警示帶」，視障人士走到這裏時就會知道要停下來再摸索前路，或許在右方，找到「觸覺引路帶」，就是轉右了。如果左右方什麼都沒有，而前方有「下斜路緣」的話，即微微向下斜的路面，則代表要過馬路了。

過馬路的時候，留意到有些黃色的小盒子在交通燈柱上嗎？有些用來給你按一下，讓綠公仔快些出現；有些則沒有這樣的功能，這就是「電子行人過路發聲裝置」。它用不同的響號來代表行人燈號的狀態；也有些是震動式的，只要按一按它的底部，不同的震動模式會代表不同的行人燈號，且有一個箭嘴指示行人過路的方向。

你又有否想過，視障人士是怎樣付錢？他們是怎樣分辨 100 元和 10 元鈔票的呢？原來，他們有一個量鈔器，用作量度鈔票的長度，從而分辨出鈔票的面額。量鈔器的一面有符號標記，另一面有「點字」。「點字」是視障人士用手觸摸出來的字體，以凸點組成。沒有視障的人也可以學習「點字」，這樣就能跟視障人士書信溝通了！

香港最年長的大學已經超過 100 歲了？

　　想過中學畢業後要念什麼學科嗎？如果選擇在香港升學，就有 35 間大專院校可以選擇，其中有 11 間是大學，其餘的是專上學院。

　　香港第一間大學是香港大學（港大），1911 年創立，是香港最早建立的高等教育機構。與 1963 年創立的香港中文大學（中大），以及 1991 年創立的香港科技大學（科大），被一般人合稱「三大」，因為在 1994 年前，香港只有這 3 間大學，也是僅有的 3 間，自成立的第一天起，就已經是大學的學校。其中，中大是由崇基學院、新亞書院及聯合書院合併出來的。

1994 年，政府一次過升格 3 間大學，分別香港為理工大學（理大）、香港浸會大學（浸大）和香港城市大學（城大）。理大前身是香港官立高級工業學院，1937 年創校，1947 年改名為香港工業專門學院，1972 年再次改名為香港理工學院；浸大前身為 1956 年成立的香港浸會書院，1972 年起改稱香港浸會學院；城大前身為 1984 年成立的香港城市理工學院。

1989 年，香港公開進修學院成立，1997 年獲正名為香港公開大學，2021 年易名為香港都會大學（都大），是香港第七間大學。第八間大學是嶺南大學（嶺大），創辦的時間最早，於 1888 年創立時名為格致書院，創校於廣州，1967 年在香港復辦，改名嶺南書院，1999 年正名嶺南大學。

2006 年，香港第九間大學誕生，是樹仁大學（樹大）。1971 年香港樹仁書院成立，1976 年成為認可專上學院，改稱為香港樹仁學院，直到 2006 年獲得正名。1994 年，5 間師範學院合併成為香港教育學院，到了 2016 年獲升格為香港教育大學（教大）。最後就是香港恒生大學（恒大），1980 年恒生商學書院成立，2010 年改組為恒生管理學院，2018 年正式成為大學。

除了都大、樹大和恒大為自資營運或私立大學，其餘的都是由教資會資助的大學。

大學以外的升學出路？

　　看過各間大學的誕生故事後，有沒有令你更想入讀大學呢？但大學不是升學的唯一出路，只要按自己的興趣和專長，副學士和高級文憑課程都是不錯的選擇。完成這些課程後，學生可獲資歷架構四級資格，僅次於學士，為日後升學或是工作打下基礎。

　　當中就以副學士課程最接近大學教育，學生從政府資助的副學士課程畢業後，可以選擇升讀相關的大學本科課程。如香港大學附屬學院（HKU SPACE）副學士課程的畢業生中，有逾 80% 能銜接回本地大學本科。

高級文憑學位課程側重於職業知識，以教授學生職業知識，訓練他們投身相關行業為目標。如職業訓練局（VTC）、香港高等教育科技學院（Thei）、香港知專設計學院（IVE）、國際廚藝學院（ICI）等，就為學生提供涵蓋六大學科的高級文憑課程，包括：健康及生命科學、商業、設計、工程、酒店及旅遊和資訊科技。當中的人力資源管理及人才分析高級文憑、幼兒教育高級文憑等，以及維修、電子科技、美容，酒店業的文憑課程都是較受歡迎的選擇。同學可以在課程中培養專業知識，畢業後可憑專業文憑繼續升學，或直接投身相關行業。

　　好了，如果成績未能入讀以上兩種課程，怎麼辦？那就可以考慮毅進文憑課程。這項課程由香港政府撥款資助，由自資高等教育聯盟合辦。完成一年的全日制課程後，可獲得等同香港中學文憑試 5 科二級的資格，屬資歷架構下第三級別的課程。目前，明愛社區書院（CICE）、香港專業進修學校（HKCT）和香港科技專上書院（HKIT）均有開辦毅進文憑課程。學生可在課程中進修中英文、數學、人際傳意技巧等方面的知識。畢業後可繼續升學，亦可投考初級或助理公務員等職位。

　　說到底，不是要讀到大學才能出人頭地，而香港很多工作更着重於專業培訓，正所謂天生我材必有用，中學之後，條條大路通羅馬！

禁區紙有什麼用途？

　　我們一般都會以為香港各處的公共設施和道路都是可以自由進出和使用，但原來有些地方是需要有指定文件才能進出，這些文件就叫 —— 禁區紙。

　　禁區紙的正式名稱是「封閉道路通行許可證」（Closed Road Permit），按照不同的禁區，分為大嶼山封閉道路通行許可證、機場禁區封閉道路通行許可證、邊境封閉道路通行許可證和過境車輛封閉道路通行許可證。其中邊境封閉道路通行許可證是由警務署發出，機場禁區封閉道路通行許可證則在香港機場管理局辦理，其餘的都是由運輸署管轄。

邊境需要有禁區紙，相信都不難理解吧。而申請邊境封閉道路通行許可證，只限居住在禁區內的原居民和居民，以及在禁區內工作的人士，並不是所有香港市民都能夠申請的。至於過境車輛封閉道路通行許可證，顧名思義是給過境車輛使用的，而他們必須持有由廣東省公安廳簽發的「粵港澳機動車輛往來及駕駛員駕車批准通知書」。至於機場禁區封閉道路通行許可證，基本上是給機場禁區內工作的人士、機構，包括港鐵和機場巴士的職員申請。

　　最後是大嶼山的禁區。現在，除了北大嶼山公路、香港國際機場、港珠澳大橋香港口岸境內道路和東涌新市鎮的道路外，大嶼山所有道路皆屬封閉道路範圍，車輛需要申請大嶼山封閉道路通行許可證才可行駛進入，據說是因為大部分大嶼山路段原本都不是為應付大量人流而設，所以道路設計低於標準，加上該處有郊野公園，也有牛隻行走，不適宜大量車輛出入。2016 年 2 月 26 日起，運輸署推出「大嶼山自駕遊」計劃，每日容許最多 25 部私家車進入大嶼山封閉道路範圍，每部私家車每個月只可獲得一個名額，相關費用為港幣 75 元。

交通工具的故事

「熱狗」和「冷馬」
是哪種交通工具？

　　你知道「熱狗」和「冷馬」代表什麼嗎？「熱狗」，是非空調巴士的別稱。如果你足夠年輕，大概沒有機會乘搭過非空調巴士，因為最後一台「熱狗」，已經在 2012 年 5 月 8 日完成使命。但若果回到 70 至 80 年代，市面上清一色都是「熱狗」，至於與「熱狗」相對、被稱為「冷馬」的空調巴士，要到 90 年代才開始普及。

　　是不是很難想像巴士沒有冷氣？但其實熱狗除了沒有冷氣，車窗還可以自行打開，熱狗採用了趟窗，佔前後兩個座位，開窗關窗時偶爾會撞到前後乘客的肩頭，但即

使是夏天，車窗吹來的風還是很涼快，那是還沒有屏風樓、沒有全球暖化、沒有溫室效應的年代。

熱狗為什麼叫熱狗，並沒有一個標準的說法，有人認為是跟「九巴」有關，「熱九巴」，輾轉被親切地稱呼為「熱狗」，也不理它是九巴、中巴還是城巴了（那時候還沒有新巴）。

在「熱狗」與「冷馬」並存的年代，部分路線是「熱狗」與「冷馬」同時為市民服務，收費因此會有「熱狗價」和「冷馬價」之分，「冷馬」幾乎貴了30%。那時候還沒有智能電話和「巴士APP」，不知道什麼時候會有巴士，也不知道來的會是「熱狗」還是「冷馬」。如果你想舒適一點時，到站的卻是「熱狗」，你不會知道下一班車是否「冷馬」，所以也只好上車；如果來了「冷馬」，即使你極不願意，也要多付一點車資。當時就曾掀起過一輪「2選1」的爭議，在爭論是否全面淘汰「熱狗」，而淘汰「熱狗」等於變相加價，成為了其中一個論點。

由於現在只有空調巴士，再沒有非空調巴士，所以「熱狗」、「冷馬」之名亦隨着時代漸漸被淘汰。除非你是位巴士迷，否則未來應該再沒有人知道「熱狗」和「冷馬」這個說法了。

巴士號碼上的 A、P、S 分別代表什麼？

　　你坐幾號巴士？在坐巴士時又有沒有留意過巴士號碼是怎樣組成的呢？巴士號碼是一種有趣的現象。彷彿很亂，英文字母時而排前時而排後，但又有整齊的一面，比如行走沙田至港島東的 682A、682B、682C，猶如兄弟一樣齊齊整整。那麼，巴士號碼的編排，是有它們需要遵守的規範嗎？

　　當然有規範，而且極其嚴密、仔細。本文取一些較有特色和普遍的來談談。首先談英文字母結尾。原來，A 至 G 就是作為原有路線的分支，如上一段的 3 條巴士線，都是 682 的變種兄弟；M 是接駁港鐵的路線，就是 MTR 的

意思，不過接駁東鐵線的會用 K，因為以前東鐵是 KCR 九廣鐵路。至於 P 和 S 都是特別路線，P 專門在繁忙時間服務，所以在上班和下班時間才會見到它。還有 X 是特快路線，估計應該是最受歡迎的路線，因為夠快。

至於英文字首，最著名的當然是 N 車，是凌晨後才會見到的通宵路線，不過過海巴士 962N 和 969N 卻是唯二例外的把 N 字放在字尾。A 字頭是往返機場客運大樓和市區而不經東涌的；經東涌的會是 E 字頭，兩者的分別是 A 車貴一點，E 車慢一點。B 字頭就是新興的來往落馬洲支線、深圳灣口岸及港珠澳大橋香港口岸路線。

號碼方面，分為港島和九龍新界兩組，號碼會重覆，比如 85 號巴士在港島和新界分別走不一樣的路線，但因為服務的乘客不會會重疊，所以也沒聽過混淆的情況。大致上，鄰近號碼的巴士，都是走同一區的，比如 50 至 69 走屯門、元朗。值得留意的是有 3 組三位數的巴士號碼，是以過海隧道分類的：100 至 199 走紅隧、600 至 699 走東隊、900-999 走西隧。

你找到常搭的巴士號碼背後的意思了嗎？

為什麼小巴會分為
紅色和綠色？

　　不敢叫「有落」，相信是許多人初次坐小巴時的尷尬事，但關於小巴的知識，你又知道多少？小巴是香港最有特色的公共交通工具，由於要分「紅 van」和「綠 van」，最初在車身畫上紅綠色帶，後來則把顏色改於車頂，辨識度一向都極高。

　　「紅 van」正名是公共小巴，「綠 van」則是專線小巴，其上落車程序和上落客地方都有分別：紅 van 下車時才付錢，把錢放到司機手中，司機會立即找續；綠 van 則是上車付錢，將錢放進錢箱，不設找贖。不過現在大部分小巴都可以八達通支付車資了。除了禁區外，紅 van 隨時可

以落客；綠 van 則有固定的上落客站（但一般伸手還是可以截到的）。

最初，紅 van 的服務路線、服務時間、班次和收費不固定，亦不受政府監管。曾經可行走全港 18 區，現在都規限在舊區如油尖旺、荃灣、觀塘、紅磡、土瓜灣、元朗等，截至 2017 年 3 月，全港共有 1,064 輛紅 van，佔全港小巴數目不到 25%。

至於綠 van，最初是作為偏遠地區與大型鐵路接駁之用，後來漸漸改變了用途。其服務路線、服務時間、班次和收費都是固定的，且受政府監管。截至 2017 年 3 月，全香港共有 3,286 輛綠 van，佔全港小巴數目的 75.5%，行走 352 條專線小巴路線。

有關小巴，比較有趣的有兩點：一、坐 19 人的小巴，人們卻稱為「14 座」，那是因為 1969 至 1988 年長達 19 年間，小巴都是 14 個座位的，之前是 9 座位，之後增加到 16 座，2017 年加到 19 座至今；二、紅 van 充滿舊香港色彩，因為它車頭所標示的目的地，部分現已不存在，例如銅鑼灣的「大丸」站，原本是指大丸百貨，但已經結業多年了。觀塘亦仍然沿用舊名「官塘」，算是香港的一大特別景觀。

為什麼的士會分為 紅綠藍三種顏色？

　　課堂上，老師會教你，的士的正名是「計程車」，但日常生活中，你會聽到許多人都只會叫由 Taxi 的音譯「的士」。以前，人們在街上伸手攔的士，靠車頂上的燈有沒有亮去辨別的士有否載客；現在，人們可以用手機 APP 預早呼叫的士，省卻在街上白等的時間。

　　香港的士有紅綠藍三色。沒見過藍色的士？那就表示你沒有去過大嶼山。「藍的」是大嶼山的士，只可以在大嶼山和赤鱲角營運。這規定是十分嚴格的，即使的士沒有載客，也不能駛離大嶼山，除非繳付市區牌費。如果要到市區維修怎麼辦？需要先預約，且有

一定手續的。

　　「綠的」是新界的士，但綠的也不是自由出入新界各處的，只限屯門區、元朗區、北區、大埔區，馬鞍山、馬料水，以及西貢區大部分地方。不過，當中也有一些例外，但都是在指定路線服務，並不能自由地行駛，例如唯一會在九龍出現的觀塘順利邨到新清水灣道一帶的路線，還有葵青、荃灣、沙田，以及機場附近一帶等。

　　「紅的」則是香港任何地方都能夠行走的的士。早於20年代，已經有「計程車」在港島行走，1926年擴展服務到九龍半島。至於為什麼會分紅綠藍色三種的士？主要是由於市區的乘客比較多，將的士分類，確保新界和離島地方有的士供應。而新界地方較大，車程較長，很多地方當年還未發展，有需要降低價錢方便新界居民，所以新界的士較便宜。現時紅綠藍的首兩公里收費分別是24元、20.5元和19元。

　　根據2019年4月資料，香港共有1萬5250輛紅的、2,838輛綠的和75輛藍的。曾經有一段長時間，香港的士可以載客5人，但現在市面所見，已經是以「4人的」為主流了。

八達通的前身是什麼？

現在搭公共交通工具，付錢都很方便，最普遍是用八達通，也開始有支付寶之類的電子支付了。那麼，在八達通之前，爸爸媽媽是怎樣付交通費的呢？

如果是巴士，那就只會用零錢支付，且不設找贖。港鐵的前身地鐵和九鐵則不一樣，有「通用儲值票」。

地鐵 1980 年通車後，除了單程票，還推出了一種名叫多程票的車票，那是一張有磁帶的膠質車票，定額扣錢，例如 10 元的票，每程 1 元，用 10 次；15 元的票，用於每程 1.5 元的車程，用 10 次，如此類推，非常不

便。在 1981 年，地鐵推出了儲值車票，特色是不限使用次數和每次使用的車資數目，把車票面額扣完即可。票值分 25 元及 50 元兩種，有效期 3 個月，後來也推出了票值 100 元和 200 元的車票。

1984 年，九鐵票務系統變得自動化，也可以接受這種儲值車票了，因此兩鐵合作，聯合發行一種可以通用兩鐵的儲值票，名為「通用儲值票」，票價分為 30 元、50 元、100 元和 200 元，購買儲值票是有優惠的，50 元票其實內有 54 元，100 元票有 103 元（後來加至 110 元），200 元票有 212 元（後來加至 228 元）。最初有 10 元的儲值票（小童及學生票），後來則分為小童、長者及學生儲值票 3 款，前兩者為 20 元，後者為 30 元。最初有效期為 3 個月，1985 年增至 6 個月。

通用儲值票最大的特色，可說是尾程優惠。如果通用儲值票的餘額不足繳付車資，乘客可免補差價用來乘搭該車票的最後一程地鐵或九鐵。那時候，很多人都用盡辦法去計算，把票用剩至幾毫，留待過海 —— 乘搭收費較高的長途車程時才用，最高可以省卻超過 10 元的車資。計算尾程優惠，可算是香港人的集體回憶之一。

直到 1997 年，八達通引入後，通用儲值票在 1998 年 8 月 31 日起停售，1999 年 1 月 2 日起停用，完成了它的歷史任務。

只存在於記憶中的火車？

爸爸媽媽常說「搭火車」、「搭火車」，然後跑去搭港鐵到沙田。但香港只有港鐵一套鐵路系統，根本沒有火車，為什麼爸爸媽媽，甚至叔叔伯伯姨姨，都常說搭火車呢？

原來，香港曾經真的有火車，就是現在的東鐵線。這件事要說到 19 世紀末，因為廣州與香港經常有貿易來往，所以兩地都認為有必要興建一列火車，於是兩地分別興建，分為香港（英段）與廣州兩段，最後於 1910 年完成。這條鐵路沾滿血淚，因為施工環境惡劣，這花了 3 年時間的工程，有超過 50 名工人死於隧道內。

九廣鐵路香港部分，全長 35.4 公里，設尖沙嘴、九龍、紅磡、油麻地、沙田、大埔、粉嶺等站，直通廣州。後來因為政治原因，兩邊的鐵路分開管治，廣州段成了廣深鐵路，香港段則設終點於羅湖站，稱作「九廣鐵路──英段」，簡稱「九鐵」。最初尖沙嘴總站設於現時的天星碼頭，後來搬至現址，只留下鐘樓。另外，大埔墟站、大圍站亦曾搬遷過，其中舊日的大埔墟站，就是現在的鐵路博物館。大學站以前稱作馬料水站，當香港中文大學落成後，就把站名也改了。

　　最初，九鐵以蒸氣火車行駛，所以一直以來香港人都稱呼這條線做「火車」。1954 年，九鐵改用柴油機車。到 1978 年，九鐵耗資 35 億元開始了全線現代化及電氣化計劃，並陸續在 1982 至 1983 年分段投入服務。這段時間開始，九鐵被通稱為「電氣化火車」。

　　1996 年，九鐵奪得新界西區鐵路的專營權，稱為「九廣西鐵」，所以「九廣鐵路──英段」改名為「九廣東鐵」。九龍車站亦正式更名為紅磡車站。兩鐵合併後，就成了現在的「東鐵線」。但有些人會因為記憶，而覺得走在這條路軌上的，仍然是一列火車。

最早啟用的港鐵線
是哪條？

　　香港現存只有一條都市軌道運輸系統，就是香港鐵路，2007 年開始營運。其前身是地鐵，英文同是 MTR。這一年的 12 月 2 日，九廣鐵路公司及香港地鐵公司合併，成為這個新的鐵路系統。

　　港鐵共有 97 個地鐵站，1 個高鐵站，68 個輕鐵站。只計鐵路而言，共有 9 條路線，按首次通車的年份順序是東鐵線（原九廣鐵路，1910 年通車）、觀塘線（1979年）、荃灣線（1982 年）、港島線（1985 年）、東涌線和機場快線（1998 年）、將軍澳線（2002 年）、迪士尼線（2005 年）、南港島線（2016 年）、屯馬線（原西鐵

線 2003 年、原馬鐵線 2004 年，2020 年合併）。此外，還有興建中的沙中線紅磡至金鐘段。

　　兩鐵合併有什麼影響呢？首先是票價，2007 年，整體的票價都有所調低，轉乘車費和優惠也一併取消；然後是線名，原本屬於九鐵的九廣東鐵、九廣西鐵和馬鐵，分別改名為東鐵線、西鐵線、馬鞍山線。而由於地鐵和九鐵都有一個旺角站，九鐵的那個就變成了「旺角東」站。至於九龍塘站、美孚站和南昌站用來轉線的閘機亦隨之拆除。

　　其中一個有趣的影響是，以往地鐵都以衛生為理由，不設公眾洗手間。而九鐵除了馬場站外，每個車站都有公眾洗手間。合併之後，社會上有聲音希望港鐵在每個車站都設公眾洗手間。現時，除了機場快線和迪士尼線這兩個原本已經有公眾洗手間的例外，港鐵線的黃埔站、何文田站、鑽石山站、牛頭角站、油麻地站、旺角站、太子站、美孚站、荔景站、香港大學站、西營盤站、上環站、中環站、金鐘站、北角站、鰂魚涌站、油塘站、調景嶺站、南昌站的閘內，香港站、九龍站、青衣站和堅尼地城站的站外，亦已增添了公眾洗手間，往後就不怕坐鐵路時找不到廁所了。

沒有面世的地鐵站？

荃灣　大窩口　葵興　垃圾灣　貨港　美孚　荔枝角

九龍塘　老虎岩　黃大仙　鑽石山

　　地鐵的誕生最初是在 1967 年《香港集體運輸研究》中被提出來的，最初的構思有 4 條線：荃灣線、觀塘線、港島線和沙田線。後來因為一份人口報告，政府認為新市鎮人口尚未需要一條鐵路，沙田線因而被擱置，原沙田線的車站包括有：禾寮坑、下禾輋、沙田中、山下圍、紅梅谷、慈雲山。以上地點除了沙田中位於現時的沙田站外，其餘的直到現在都沒有鐵路直達。至於其他路線，例如觀塘線中的觀塘村、荃灣線中的蘇屋、港島線中的跑馬地、柴灣碼頭，也是沒有在鐵路的最終型態上實現出來。

1970 年，《集體運輸計劃總報告書》將地鐵線增至
5 條，刪去了沙田線，多了港九線和東九龍線，東九龍線
有點像現時的沙中線。在這階段出現，而最後沒有落成的
車站，除了 1967 年的一批，還包括林士、屈地，都是坐
落在港島的。

值得一提的是，這兩份報告中有些站名，跟後來出
現的站名不一樣，如馬游塘變成油塘站、老虎岩變成樂富
站、窩打老變成油麻地站、貨港變成荔景站、垃圾灣變成
葵芳站、馬連拿變成尖東站等。在兩份報告中，原先的中
環站後來分成必打站和遮打站，最後又合併回中環站，而
金鐘站一度改成海軍船塢站，最後又變回金鐘站。

比較有趣的是，在 1985 年 5 月 31 日，即港島線
金鐘至柴灣段通車之日，地鐵修改了部分車站名：荔灣站
Lai Wan 改為美孚站 Mei Foo，中環站 Chater、旺角站
Argyle、油麻地站 Waterloo 的英文名稱改為 Central、
Mong Kok 及 Yau Ma Tei。

而當中最莫名其妙的站名，當數美孚站、荔枝角站、
長沙灣站與深水埗站，由於當時分區規劃不清晰，影響到
現在的荔枝角游泳池在美孚站，深水埗運動場在長沙灣
站、深水埗官立小學和長沙灣廣場在荔枝角站，長沙灣政
府合署在深水埗站……

差一點，電車會在
屯元天行駛？

　　如果電車是港島區獨有的風景，那麼輕鐵就是屯元天（屯門、元朗、天水圍）的地標交通。但不說不知道，在原來的規劃裏，電車是有可能出現在屯元天的！

　　1982 年，政府想在屯元天興建鐵路，當時接洽擁有香港電車有限公司的九龍倉集團，他們最初打算將整個香港電車系統搬過去，用雙層的車廂，但最後因為分帳等問題未能達成共識，導致計劃不成。最後由九廣鐵路公司承辦，稱為輕便鐵路，簡稱輕鐵。

1988 年 9 月 18 日，輕鐵正式通車，使用標準鐵軌，車廂長 20.2 公尺、寬 2.65 公尺，平時在屯元天見到的輕鐵，都會連接着兩卡車廂行駛。比較特別的是，輕鐵車站採用開放式月台設計，不設閘機，自由進出，在月台上拍一拍八達通就可以上車。那豈不是很容易搭霸王車？對，所以輕鐵公司不時會有查票員，在月台上或車廂內查票。由於查票員的制服是藍色的，所以居民給他們起了一個可愛的花名：「藍精靈」。此外，輕鐵把路線劃分為 5 個收費區（2003 年加至 6 個），車費是以起點及終點經過多少個收費區來計算，是全港獨有的概念。

　　最初，政府設有「輕鐵專區」，限制巴士營運和小巴上落客，後來因為居民反對而撤銷限制。此外，比起其他車輛及行人，輕鐵亦有道路優先權，即是那些交通燈會讓輕鐵先過，這亦令當地居民不甚滿意。不過，輕鐵還是成為了屯元天居民的主要交通工具。直到 2003 年西鐵通車，九鐵把輕鐵的路線重組，將它的作用改為區內接駁西鐵的交通工具。

　　最後的變化是在 2007 年 12 月 2 日的兩鐵合併，九廣輕鐵改名為輕鐵。合併讓兩鐵的車費下調，但其實是不包括輕鐵的⋯⋯

不再「叮叮」聲的電車？

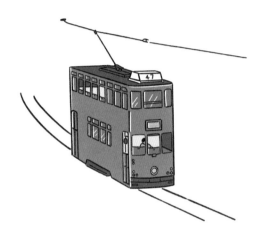

　　「叮叮」、「叮叮」，你可曾聽到這聲響而留意到電車的存在？

　　其實，你不應該聽過的，因為電車公司在 90 年代把「叮叮」聲改為「砵砵」聲。在舊式電車的下層駕駛席，有一個腳掣，車長就是用腳踢這個掣，發出「叮叮聲」，提醒路人「電車來了」！久而久之，就成為了港島區的一大特色。電車也因為這個長久的「叮叮」聲，而有了「叮叮」這暱稱。

　　電車 1904 年投入服務，是全球現存唯一全數採用雙

層電車的電車系統，以及最大的、仍然服務中的雙層電車車隊，老舊得歷史留名，就是價值非凡。現在使用的電車已經是第七代了，從筲箕灣到堅尼地城，一條 29.5 公里的路軌橫臥港島，178 輛電車，120 個站，從早上 5 時行駛至深夜 12 時，每輛電車載客量約 115 人，每日接載約 18 萬人次。電車收費便宜，班次頻密，非常適合短途乘客，但你有細數過，電車有多少條路線、多少個總站嗎？

　　原來，電車目前有 6 條主要路線，部分路線重疊，分別是：一、西港城來回筲箕灣；二、跑馬地來回筲箕灣；三、石塘嘴來回北角；四、石塘嘴來回銅鑼灣；五、堅尼地城來回跑馬地；六、堅尼地城來回筲箕灣。此外，也有以西灣河電車廠和屈地街電車廠為終點站的回廠電車，偶爾也會因應路面情況，電車會在一些非電車總站調頭。

　　電車總站與其他站不一樣，會有站務亭，給車長做車務調動的工作。電車總站有 7 個之多，分別是堅尼地城、石塘嘴、西港城（舊稱上環街市）、銅鑼灣、北角、筲箕灣及跑馬地。

　　此外，有看過人在電車上辦活動開派對嗎？原來車隊內有 3 輛古典電車及 1 輛派對電車提供租用服務，每小時費用由港幣 1,000 元至 6,000 元不等。

山頂纜車慣性「飛站」？

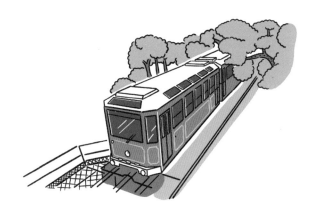

　　如果沒有山頂纜車，我們會怎樣到太平山頂看夜景？搭時光機回到 1888 年之前，原來，往來太平山至中環的主要交通工具，是「轎子」！

　　坐轎，抬的辛苦，坐的顛簸，當然要找解決方案。同時，港島除了轎，也只有馬車、人力車等交通工具。1882 年，立法局議員伍廷芳率先提議興建電車系統，得到同是立法局議員兼任香港總商會主席奇利贊臣（F. B. Johnson）和議，後來具體計劃是發展 6 段電車路線，但由於當時消費能力較高的市民都住在山頂，發展商包括奇利贊臣和蘇格蘭商人芬梨史山纜車鐵路公司，只願意興建

山頂路線，山頂纜車最後於 1885 年動工，1888 年通車，也是亞洲首個纜車系統。順帶一提，計劃中其餘 5 條的電車路線，後來也實現為現今的電車路線。

　　山頂纜車全長 1.4 公里，共有 6 個站，分別為：花園道總站、堅尼地道站、麥當奴道站、梅道站、白加道站，以及位於山頂凌霄閣的山頂總站。「開業元老」原本還有一個寶雲道站，但在 1985 年 1 月 1 日起停用，其原因是因為太近麥當奴站導致功能重疊。從花園道到凌霄閣，爬升高度大約海拔 397 米，每日載客約 1 萬 700 人次。由於一般遊客都是穿梭兩個總站，到太平山觀光，所以必須注意的是，纜車是不會主動停靠在中途的四個站，如果要下車的話，必須按下車鐘；假若想中途上車，在站上會有一個「召車機」，只要按下按鈕，纜車才會停下來，否則纜車會「飛站」！

　　2022 年，纜車迎來第六代車廂，使用電腦控制驅動的全鋁製第五代二期紅色車廂，可以載客 210 人，單方向每小時最高載客量為 1,575 人次，對比起第一代車廂只能載客 30 人（第二代至第五代載客量分別為 52、62、72、120 人），將來上山頂應該不用大排長龍了。

因宗教而誕生的
天星小輪？

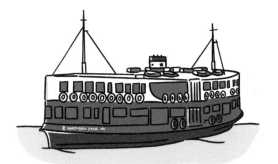

　　過海除了會乘坐巴士和港鐵外，亦有不少人會選擇天星小輪，輕輕吹着涼風，相當寫意，但原來天星小輪的誕生故事，亦相當有趣！有點像武俠小說的內容：話說在1852年，有一位波斯拜火教的教徒，名叫米泰華拉，他因為宗教原因，而以難民身分偷渡來香港當廚師，不知道有什麼奇遇，竟然在19世紀70年代的某一天（有說是1871年），辦起渡輪業務，創辦了「九龍渡海小輪公司」，來往尖沙嘴與中環。如果沒有波斯拜火教，就沒有天星小輪……後來在1898年，九龍倉集團收購了「九龍渡海小輪公司」，並改名為「天星小輪公司」，及後加開灣仔至尖沙嘴的航線。

開辦之初，天星小輪只擁有 5 艘以燃燒煤炭發動的單層船隻。班次為 40 分鐘一班，只來往中環與尖沙嘴。1965 年，中環至紅磡航線投入服務；1999 年接辦由油蔴地小輪經營的紅磡至灣仔航線，這時期是天星小輪的高峰期，同時間有 4 條日常航線營運。2011 年，由於連年虧蝕，天星小輪決定停辦紅磡來往中環及灣仔的航線，現在只保留最初的中環至尖沙嘴以及灣仔至尖沙嘴的航線。

　　除了渡輪航線，天星小輪還有觀光航線，分別是維港遊（日間單程環遊、夜間單程環遊、「幻彩詠香江」維港遊）和海港遊（港島東、黃昏、「幻彩詠香江」航線）。

　　比較有趣的是，天星小輪旗下的渡輪，其命名都會有一個「星」字，因為在拜火教中，「星」含有光明及純潔的意思，現役最「老」的是「午星」和「日星」，均「誕生」於 1958 年。

　　2009 年，國家地理旅遊雜誌列出「人生 50 個必到景點」，其中就有天星小輪。同時，天星小輪更獲美國旅遊作家協會（Society of American Travel Writers）評選為「全球十大最精彩渡輪遊」之首！到底是渡輪的魅力，還是維港的魅力呢？

天星小輪以外還有什麼公共船隻?

　　不說可能不知道,香港可以坐的船隻不止天星小輪!在香港水域作為載客之用的交通工具,來往本島(香港、九龍、新界)與離島之間,或離島與離島之間,有兩種:港外線和街渡。

　　聽到港外線可能會以為目的地是香港以外的航線(如香港到澳門),但其實港外線是指維多利亞港以外,所以泛指離島的渡輪服務。在中環有一個中環 2 號至 6 號碼頭,俗稱「港外線碼頭」(Outlying Islands Ferry Pier),就是提供以上服務的渡輪,來往長洲、梅窩、坪洲、南丫島等。渡輪規模與天星小輪相若,部分更相對舒

適（例如來往愉景灣的）。他們的服務航點、時間、班次、船隻數量及收費，都受到政府規定和監管。隨着離島的居住人數愈來愈多，港外線的服務亦愈見重要。

至於街渡，最初稱為街艔，與渡輪相比，它的載客量會較少，主要提供短程的偏遠水上客運服務，來往市區與交通不便的地區，作為一般渡輪服務的輔助，或是作為旅遊及康樂之用，由香港政府運輸署發牌及監管。他們大部分使用載客量較低的摩托船隻，也有些會使用傳統舢舨。可能單憑街渡的船隻外形上難以分出是否取得牌照，所以政策規定他們必須在船上額外放置一塊牌板，顯示他的最高載客人數及核准航線，以策安全。

街渡以較靈活的方式運作，無論班次、收費及營運時間都不受政府監管。根據運輸署網頁「街渡渡輪服務詳情」，固定班次的街渡服務航線有 14 條，在「港內」的上船點包括香港仔、赤柱、西貢、灣仔、馬料水等，也有來往離島的如長洲公眾碼頭往返西灣、愉景灣來往坪洲／聖母神樂院等。至於按需求而定的街渡服務則有 55 條之多，全部都是西貢區，來往西貢與橋嘴島、廈門灣、鹽田仔、滘西、糧船灣等地方。

還沒有海底隧道前 汽車是如何過海的？

　　有沒有想過，在沒有海底隧道之前，車輛是怎樣穿梭港島和九龍的呢？不錯，跟人一樣，是搭渡海小輪，不過，是專門為汽車而設的汽車渡輪！

　　汽車渡輪，顧名思義，就是把汽車駛上船，然後由船載車過海，現在聽起來有點匪夷所思，但在當時，汽車渡輪是香港非常重要的交通工具，最高峰時期每年運載超過 600 萬架車輛過海。汽車渡輪由始至終都是由油蔴地小輪獨市營辦，1926 年油蔴地小輪創辦人劉德譜向政府建議興建汽車渡海碼頭，及自行建造載車渡海小輪，經過一番努力，汽車渡輪航線於 1933 年正式投入服務，第一條

航線由佐敦碼頭往返中環統一碼頭，之後陸續推出不同航線，往來港島、九龍與離島。

　　當年的汽車渡輪主要分為三種：載車的、載車載客的，以及運載危險物品車輛的。不過，由於汽車渡輪運載量有限，汽車每次過海都要排隊一段時間才能上船，所以政府知道，興建海底隧道才是解決問題的萬全之策。隨着1972年紅磡海底隧道通車，1989年東隧通車，1997年西隧也投入服務，汽車渡輪也步向黃昏，一年總運載架次只有約40萬，即使不斷重組路線，也難逃停辦的命運。1998年，隨着最後一艘北角至九龍城的公共汽車渡輪泊岸，汽車渡輪作為主要交通工具的服務亦劃上一個句號。

　　不過，現在油蔴地小輪仍有5艘汽車渡輪，分別是民儉號、民安號、民樂號、民富號和民佳號，其中3艘被改裝成「洋紫荊維港遊」，用作觀光用途；餘下2艘則運載危險品車輛來往北角與觀塘，以及北角至梅窩，因為根據法例，運載危險品車輛是不能使用隧道的！

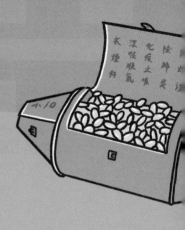

香港特色食物
從何而來

由圍村發明的食物？

近年過時過節，都流行吃盆菜，你吃過了嗎？其實盆菜已經有數百年歷史了。在香港，盆菜是源於元朗圍村新界原居民的傳統菜式，是他們的「圍村菜」。每逢喜慶節日，例如新居入伙、祠堂開光或新年點燈，新界的鄉村均會舉行盆菜宴，在村中的大空地放上木椅和木枱，端上熱烘烘的盆菜，大家圍在一起品嘗。

為什麼會有「圍村菜」？原來有一個故事。據說富裕的氏族常出「二世祖」，家裏的人害怕他在外面惹事生非，所以設法在家服侍他好一點，例如給他娶二三房，容許他們抽大煙等。他們只顧吃喝玩樂，於是負責饍食的人為了

讓他們高興，自然會花盡心思，因此就出現了這種一盆過、食材可以無限變化的盆菜。

盆菜最有趣的，是那一層一層翻開的驚喜。傳統的盆菜是以木盆來作裝載的，現在則改用了不鏽鋼盆，甚至砂鍋，可以隨時加熱「打邊爐」。至於盆菜的材料，其實沒有一個規範，但雞、鴨、魚、腐竹、蘿蔔、冬菇、炆豬肉、魚丸、豬皮、西蘭花等是少不了的，而最名貴和受歡迎的蝦、豬手、鮑魚、蠔豉、海參、瑤柱、花膠、髮菜等就會放在最上層，以往是為了讓人垂涎欲滴，現在則為「手機先吃」。

從前的盆菜，烹調方法十分講究，三日前要上山斬柴，兩日前要去選購材料，當日清早就要炆豬肉，足足要炆一整天，材料亦會根據不同的要求，分別要經過煎、炸、燒、煮、燜、鹵。不過現代吃盆菜，主要是貪他「抵食夾大件」，貴有貴吃，但也有便宜的版本，而最重要的，當然是團圓，所以大多是在中秋、做冬、團年、開年這幾個日子食盆菜，一家人拿着筷子在盆中左找右找，盼能找出未出現的食物，樂也融融。不過基於衛生考慮，當然是用公筷啦！

避風塘小菜是什麼？

　　近年有連鎖快餐店推出「避風塘炸雞」，一些大牌檔也能吃到「避風塘炒蟹」，但到底「避風塘」是指怎樣的菜式？而這個能和不同餐廳拳上關係的「避風塘」又在哪裏？

　　「避風塘」菜式，多數是指以蔥段、辣椒、蒜頭、豆豉等香料製成的醬料，與主要食材一起爆炒的小炒。蟹、蜆、瀨尿蝦等海鮮，都是「避風塘」系列的經典配搭。由於這種烹調方法使用大量香料，煮食時往往會香氣四溢，因此深得廣大市民的喜愛。

海鮮小炒之所以會使用「避風塘」為名，正正是因為這個菜式起源自避風塘。其實避風塘顧名思義，是指專門讓漁船停泊，躲避颱風的地方，一般位於海灣。在 90 年代，香港有大量漁民和長期住在漁船上的「水上人」，他們以避風塘為家，發展出獨特的文化。

　　漁民長居船上，很少機會接觸到新鮮蔬菜，加上海鮮大多帶有腥味，需要濃重的調味辟腥。所以易於保存、氣味濃烈惹味的蔥薑蒜，便成了水上人家最愛的調味料，漸漸就演變出「避風塘」炒不同海鮮等拿手小菜。岸上的食客聞香而來，紛紛走到水上食肆享用美食，「避風塘」菜式的美味名聲於是不脛而走。在避風塘全盛時期，岸邊一到晚上便非常熱鬧。每艘小船都是一間小食肆，而且晚晚坐無虛席。

　　可是，在船上煮食既有安全疑慮，又會污染環境，因此香港政府在 1995 年立例，禁止在甲板船上煮食，於是水上的避風塘餐廳全數消失。幸好，識飲識食的香港人並沒有讓避風塘風味消失，反而把避風塘搬到岸上，繼續傳承各式避風塘小菜的獨特風味。假如和爸爸媽媽到各大食肆用膳，不妨一起品嘗這款香辣可口的菜式，雖然無法感受到小船的搖晃，但避風塘小菜的味道，終究是無法取代的。

早在唐代已出現的食品？

　　跟媽媽到街市買菜時，有看過她到燒味檔「斬料」嗎？有沒有想過燒味是怎樣誕生的呢？燒味是廣東的著名菜式，無論在大酒樓、快餐店或中菜店，都能找到燒味的蹤迹。一般而言，燒味是指以攝氏 200 度以上高溫燒烤而成的肉類製品，無論是叉燒、乳豬等豬肉；還是燒鵝、燒鴨、燒雞等禽類，都可以歸類為燒味。部分不經火爐燒製，但以醬料烹調的食品如白切雞、豉油雞、鹵水鵝、燻蹄等，也可以歸入燒味之列。

　　相傳港式燒味早在唐朝時已經出現，當時有廣東廚師學習阿拉伯人和印度人把醬汁灌入動物腸內的釀製方式，

令烤肉外層香脆，內層味道濃郁。這種烤肉方法大受歡迎，漸漸演變成現在的廣東燒味。

現今的港式燒味會用多種調味料調製肉類，比如製作叉燒時，廚師會在豬肉上塗上蒜茸、五香粉、淡醬油、豆腐乳的醬汁。在燒烤的過程中，則會在豬肉表面塗上蜜糖，令叉燒既香脆，又軟嫩多汁。而燒製燒鵝的過程比製作叉燒更為複雜，除了醃製鵝肉外，還需要經過縫肚、汆水、在外皮塗上糖水等步驟，再經過在火爐上不斷轉動燒烤，才能做出金黃美味的燒鵝。

除了肉燒味本身外，燒味配搭的主食和醬料也大有學問。由於燒味大多是油脂豐富、味道濃郁的肉食品，因此吃燒味時，大部分人都會配搭白飯、瀨粉、米線等較清淡的主食。而在醬料方面，燒鵝肥美多油，因此會配搭酸梅醬解膩。白切雞略帶腥味，所以需要搭配薑茸和蔥油辟腥。

只吃一種燒味或許會有點單調，所以會有雙拼飯、三拼飯，不少人會用叉燒做「膽」，搭任何一款，亦有人喜歡雞鴨飯。鵝比鴨貴，所以有鵝的燒味飯，通常都會貴一點。

沒想到我們常常吃的燒味居然有這麼大的學問吧，往後在吃燒味時記得留意醬料的配搭，才能享受到燒味最豐富的滋味呢！

香港人發明的瑞士雞翼？

什麼，瑞士雞翼不是瑞士菜？不錯，這是地道的香港菜式，用的是一樽調味料「瑞士汁」，但這樽「瑞士汁」也不是源自瑞士，那究竟是怎麼一回事？

在開始考究前，首先要知道瑞士汁的製法：瑞士汁是一種甜滷水，用豉油、薑、蔥、冰糖和香料等食材調配而成。跟豉油雞翼和可樂雞翼相比，瑞士雞翼味道偏甜，特別受小朋友喜愛。這是香港「豉油西餐」家族中很受歡迎的菜式，所謂「豉油西餐」，即是茶餐廳仿照西餐的煮食方法，以本地食材和調味料製成，價錢大眾化又美味的快餐。

雖說是大眾化，但瑞士雞翼的來源卻和一間現在仍存在的高檔次西餐廳太平館餐廳有關。40年代，一位外國客人到太平館餐廳吃過這道用甜豉油烹調而成的雞翼後，對侍應舉起大姆指大讚「Good！」，還連聲說「Sweet，Sweet！」由於侍應不懂英文，只好略為記下客人所說的讀音，並向懂得英文的客人請教。由於當年華人的英文水平有限，誤將「Sweet」和「Swiss」混淆，因此就誤會了外國客人的說話，以為他說這道甜豉油雞翼有着瑞士風味。侍應及後將此事向餐廳老闆反映後，老闆就將原本的「豉油雞翼」改名為「瑞士雞翼」。

　　太平館餐廳原在廣州，香港只是分店，後來因為政局動盪，經營餐館的徐氏家族舉家來到香港，闖出一番事業。瑞士雞翼的發揚光大，就曾「驚動」了瑞士駐港領事館，他們在 Facebook 專頁告訴大家，瑞士很少吃雞翼，瑞士雞翼並不是來自瑞士，但別誤會，這並不是「割蓆」，只是溫馨說明，甚至不想叨光，因為他們就像當初的外國人一樣，都覺得瑞士雞翼，好味！

「走鬼」是什麼意思？

「走鬼呀！」這句看似不明所以的說話，過去曾是所有香港人耳熟能詳的對白。原來，這句話與 70 至 80 年代盛行的流動小販息息相關。當時，香港市民並不富裕，因此出現大量小販，以流動木頭車或鐵板車推着廉價食物，四處擺賣。碗仔翅、牛雜和煎釀三寶等，都是流動小販的招牌名菜。

碗仔翅是一種模仿魚翅的湯羹類小吃，因為以碗仔盛載而得名。小販通常會以粉絲代替魚翅，配上冬菇絲、雞肉絲等一起烹調，並加入老抽和生抽，令碗仔翅惹味而鹹香。人們在進食碗仔翅時會加入紅色的浙醋，為這款菜式

增添風味。

　　牛雜是指牛的內臟，包括牛胃、牛腸、牛肚等。相傳這種菜式起源自不吃豬肉的伊斯蘭教信徒。他們會以香料炆煮牛的內臟後加入醬汁食用，深受民眾歡迎，漸漸傳到廣州、香港等地。香港人會以 XO 醬（柱侯醬）和鹵水醬為牛雜調味，吸收牛雜鮮味和鹵水醬香味的蘿蔔更是牛雜的精華。

　　另外還有一款街頭名菜是煎釀三寶，即是把鯪魚肉釀入切件的青椒、豆腐、茄子後，再拿去煎炸的菜式。這款小食香脆可口，價格低廉，至今仍是香港人最喜愛的小食之一。

　　雖然流動小販深受香港市民歡迎，亦在 70 年代養活了不少低下層小販。不過，由於這些小販食檔衛生情況欠佳，政府認為需要打擊。自 70 年代後期起，市政局和後來的食物環境衛生署逐步加強打擊流動小販，他們成立了「小販管理隊」。每當小販管理隊來驅散流動小販時，小販往往一邊高喊「走鬼」，一邊一哄而散，後來許多電視電影都喜歡用「走鬼」作為惹笑劇情。

　　時至今日，流動小販已漸漸消失，但車仔檔販賣的特色美食仍然廣受市民大眾的歡迎。

最早期的外賣是由屋外 「飛」進屋內的？

　　疫情之後，多了人叫外賣，甚至生活用品都需要送上門。現在外賣用的當然是 Foodpanda、Deliveroo 等平台，直接送到你家門口。說起來，以前也有一種外賣可以「飛」到你的屋內，論「有型」的程度並非現在的送遞員可及，不過他只賣單一貨品，就是「飛機欖」。

　　飛機欖是什麼？那就要問一些 50 多歲以上的長輩了。飛機欖又稱為甘草欖，是一種小食，將橄欖用鹽及甘草等多種藥材醃製而成，味道酸中帶甜，有止咳、潤喉和戒煙功效，那個年代的人很喜歡這口味。說到「飛機欖」，當然要介紹「飛機欖之父」郭鑒基（1924-2013）。郭鑒基

14 歲的時候，與 3 名朋友創業，在廣州買入一種叫「欖子」的小食，再加工改良，混入甘草、陳皮、丁香、玉桂、鹽、糖等香料醃製，然後再包裝。銷售的方式相當有趣，他從掟石頭裏取得了靈感，把這種命名為甘草欖的小食「掟上樓」！他斜背着一個綠色、上面用紅色字寫上「飛機欖」的欖型容器，一邊唱他自創的《賣欖歌》：「咁靚嘅飛機欖，的確係冇得彈。生津止咳，下火又除痰。若有傷風兼病患，我負責寫包單，你食咗至好行。想買企定嚟，我飛粒界你，你唔好眨眼。好靚嘅夫妻和順欖，包你兩公婆食咗冇得彈！」客人在家中聽到，食指大動，就在陽台或窗戶上把錢拋落街給他，他就把飛機欖掟上樓，手法精準。據說，他當年徒步走遍整個九龍，曾在石硤尾邨把飛機欖拋到 13 樓，臂力驚人。

飛機欖在 50 至 70 年代大受歡迎，據說在高峰期，郭鑒基每天做兩小時，就拋了約 200 份飛機欖。後來郭鑒基年時漸高，加上要「走鬼」，就改在路邊開檔。郭鑒基賣飛機欖足足賣了 72 年，一直到 2013 年逝世。飛機欖這景致也隨之成為歷史。

出身「下欄」的 雞蛋仔和格仔餅？

你知道嗎？香港有兩道傳統地道街頭小吃，像孖公仔一樣，總會一起出現，同一個師傅，同一種材料，幾乎一樣的製作過程，但食法和口感都不盡相同，而你同一時間只會選擇其中一款來吃，因為兩種都吃的話會太飽。猜到了嗎？它們就是雞蛋仔與格仔餅。

從前，雞蛋仔和格仔餅都是在街頭巷尾的小販檔出現，現在則是小吃店的其中一道甜點；從前，師傅們都是用炭爐燒出這兩道美食，現在則用電爐。兩塊大模板一左一右的格局沒變，蜂巢狀的是雞蛋仔，格子狀的是格仔餅。每次師傅都會預先製作一兩塊做「生招牌」，如果

趕時間又不介意味道有點冷卻的話，可以立即買來吃，但一般都是即叫即做的！師傅首先會打開模板，將雞蛋漿均勻倒在模板，然後蓋上模板放到爐上烤，2 分鐘後將模板翻轉，最後把整塊雞蛋仔／格仔餅掀出來，再用報紙撥涼1 分鐘，讓軟綿綿的雞蛋仔／格仔餅有點硬度（這步驟十分重要），之後雞蛋仔會直接放進雞皮紙袋，而格仔餅則要瘋狂的塗上花生醬、牛油、煉奶及砂糖，然後對摺起來放進雞皮紙袋。

　　這兩個美味的雞蛋仔和格仔餅，來源卻十分「下欄」（即是低檔次的剩餘物資）。在 50 年代，雜貨店為免白白浪費因日常耗損而破裂了的雞蛋，於是把麵粉和雞蛋製成雞蛋漿，倒進模具再烤熱成一道平價甜品，而因為蜂巢狀和格仔狀的成品大受歡迎，輾轉成為現今的大眾化特色小吃。

　　時至今日，用雞蛋漿製作的雞蛋仔和格仔餅我們會稱為「原味」，因為不少店舖為吸引新客人都會加上特色的味道，例如朱古力、班蘭、士多啤梨等。可惜的是，現在幾乎都沒辦法吃由炭爐製作而成的雞蛋仔和格仔餅了，那種名為「火候」的味道，是沒有辦法替代、屬於過去的美好。

港式糕點是怎樣製成的？

你日常最愛吃的小食是什麼？近年，外地風味的炸雞、薯圈、芋圓等小食、甜品風靡香港，但曾幾何時，香港也有自己的地道小食，既富特色又十分美味，值得我們一一品嘗。

軟糕類的甜點軟糯香甜，口感綿滑，適合一家大小一同分享。比如以黑芝麻磨成糊狀，層層蒸製而成的芝麻糕，它一共有 9 層，咬下去口感分明，香味濃郁，像在吃果凍狀的芝麻糊一樣。而以白砂糖製成的白糖糕，比起酒樓常見的馬拉糕濕潤，吃下去略帶酸味，甜而不膩。來自圍村的「雞屎藤」茶粿以雞屎藤這種草藥的葉子熬汁製成，吃

起來帶有清新的藥草香，令人一試難忘。

假如你偏愛香脆的糕點，那麼港式酥餅一定是你的首選。最著名的當然是老婆餅。老婆餅之名，有說是廣州蓮香樓的師傅，把老婆自創的冬瓜蓉餅發揚光大，也有說是窮老公為了贖回賣身的老婆而含淚製成的。老婆餅以鬆脆的酥皮包裹冬瓜蓉餡料，外脆內軟，口感豐富。雞仔餅又稱小鳳餅，相傳是酒樓師傅以平日做菜時剩下的梅菜、五仁餅餡等搓在一起，以餅皮包裹後製成的。由於雞仔餅鹹中帶甜，風味獨特，因此大受歡迎。

除了軟糕和酥餅外，香港的傳統街頭小食亦五花八門。在格仔餅出現之前，「冷糕」曾是大眾的最愛。這款小食來自潮汕地區，而吃潮州菜又稱為「打冷」，因此這種潮式小食便被稱為「冷糕」。冷糕餅底厚而鬆軟，夾着花生、芝麻、椰絲和砂糖餡料，和格仔餅非常相似，但更令人感到飽足。另一款小食叮叮糖是由麥芽糖製成的硬糖，舊時小販售賣時會用錘子和錐鑿開糖果，發出叮叮聲，吸引小孩上前購買。

時至今日，不少傳統港式小食仍然隱藏在鬧市之中。下次和爸爸媽媽逛街時想吃小食的話，不妨提議試試這些傳統美食吧！

為什麼雪糕車會播放《藍色多瑙河》?

　　在炎炎夏日看到雪糕車,總會忍不住請求爸爸媽媽上前買一杯雪糕,品嘗美味之餘同時降一降溫吧?但你有沒有留意過雪糕車的音樂?又知不知道雪糕車的歷史呢?

　　雪糕車的總公司來自美國,在 1969 年,3 名香港人取得富豪雪糕的特許經營權,把雪糕車帶來香港。由於當年的政府規定每輛雪糕車上只可以設有一部雪糕機,因此一直以來,雪糕車販賣的甜筒都是以牛奶口味為主——不說不知,原來每逢農曆新年的初一至初三,它就會改賣草莓味軟雪糕!

除了甜筒軟雪糕外，雪糕車還會出售果仁甜筒、蓮花杯和珍寶橙冰。在雪糕車最初來到香港時，每支雪筒只售0.5元，但隨着通貨膨脹，時至今日，一支甜筒的售價已經升至6元了。

除了產品外，雪糕車最具標誌性的就是隨着車子而來的音樂。原來美國富豪雪糕車是有自己專屬的主題曲，但品牌來到香港後，因為發現很多音樂盒都會選用小約翰·施特勞斯創作的《藍色多瑙河》，香港公司認為這首歌更為耳熟能詳，所以就改用《藍色多瑙河》作為香港雪糕車的主題曲。

目前，香港只有14輛雪糕車。因為政府在1978年停發流動小販牌，所以雪糕車多年來一直維持在這個數目，不能增加。平日在學校、車站附近，或遊客區，比如尖沙嘴天星碼頭、旺角朗豪坊附近，都常常能捕捉到雪糕車的身影。

還有一個雪糕車鮮為人知的小知識：原來雪糕車是可以租用的！曾經有學校租借過雪糕車，讓校內的學生大飽口福。當然，不是人人都有機會租下雪糕車的，假如想近距離接觸雪糕車，也可以和爸爸媽媽一起參觀位於火炭的雪糕車總部，深入了解雪糕的製作方式和雪糕車的運作方法，相信一定能得到有趣又難忘的體驗！

為什麼每當嬰兒出生就要派薑醋?

　　根據廣東傳統,女性誕下寶寶後一個月需要好好調理身體,稱為「坐月」。在這段時候,一煲溫暖又香甜的「豬腳薑」就不可缺少了!

　　豬腳薑以豬腳、雞蛋、甜醋、薑等材料熬成,味道酸甜不嗆喉。坊間流傳一種說法,豬腳薑愈酸愈好。為什麼?因為客人吃薑醋後都會說「好酸、好酸」,廣東話諧音便是「好孫,好孫」,寓意家庭新添的孩子是非常好的、每一個婆婆都好想見到的「乖孫」。聽後是不是想立即問長輩自己是不是「好孫」呢?

除了好意頭外，原來對中國人來說，生育會令婦女元氣大傷，容易受到風寒。而豬腳薑當中的薑必須選用白肉老薑，不能選用較爽口的紫薑。因為老薑才有驅除風寒、開胃養顏、補血補鈣等療效，所以特別適合產後的女性補身。久而久之，豬腳薑便成為了女性「坐月」時必備的補品。

不過，吃豬腳薑也十分講究。傳統認為母親剛生產後體力不足，需要先休養後才可以補身和招待客人。所以在產後 12 天，產婦才可以開始進補，稱為「十二朝」。從這天開始，有新生寶寶的家庭便可以向親友和鄰舍派薑醋，既為媽媽補身，也可以與親友分享家裏增添新成員的喜悅。這個習俗會一直維持到寶寶滿月，在這之後，家庭便不會再把薑醋派出門，只會用來招待上門探訪的朋友，否則寶寶有機會「小器」。至於「小器」是什麼？噢，Touch Wood 不能說，請長大後的你意會。

雖然薑醋有着不少療效，不過，只有順產的媽媽可以在生產後 12 天開始吃薑醋和派薑醋。因為剖腹生產的話，傷口需要更多時間復原，而豬腳薑中的薑和蛋等都對傷口有刺激，容易導致發炎，所以剖腹產的媽媽需要等 28 至 29 天後，才可以吃豬腳薑。

如果家中收到鄰居或親友的薑醋，記緊要向對方說一句「恭喜」啊！

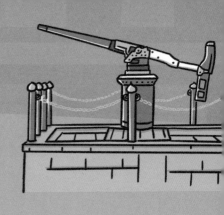

不為人知的
地方趣聞

你住在哪一區？

　　我們都知道香港分為 18 區；但當進行選舉時，我們又會聽到選區是以香港九龍新界的東南西北劃分，為什麼會有這樣的分別呢？

　　其實香港在開埠初期已經有分區的概念，跟現在最不一樣的是「維多利亞城」，即現在的灣仔、中上環和西環，它們是直到 1942 年才被拆分的。現在的分區，則以 1963 年對香港和九龍的分區，以及 80 年代陸續劃分的新界區為基礎，可以分為「法定分區」、「行政分區」和「議會分區」3 種。

法定分區，簡單來說就是「地址」，比如香港筲箕灣 XX 街，九龍油麻地 XX 道，筲箕灣和油麻地，就是法定分區。這個法定分區由政府落實，是接下來一切分區的基礎。

　　行政分區則是我們俗稱的「18 區」，始於 1982 年成立的區議會，以香港人口來劃分，最初是「18 區」，1985 年從荃灣區分拆出「葵涌及青衣區」，是第「19 區」，1994 年又把「油尖區」和「旺角區」合併為「油尖旺區」，重回 18 區，便一直沿用至今。之後，18 區的劃分一直按人口變動而改動。法定分區跟行政分區並不完全相同，比如 18 區沒有銅鑼灣之餘，更被灣仔區和東區分成兩部分。值得一提的是，不同政府部門，例如警務署、消防署，醫管局等會按各自的需要，例如人手調配問題，再作自行分區。

　　議會分區顧名思義就是以選舉為主的，現時地區直選分為香港島東、香港島西、九龍西、九龍中、九龍東、新界西北、新界北、新界東北、新界西南和新界東南，合共 10 個區。

　　最後想說一個約定俗成的分區，就是港鐵站分區。港鐵站是港鐵自行命名，並不是政府落實的名字，比如天后、炮台山、太子、彩虹等，並不屬任何分區。但由於港鐵影響力太大，所以這些地方名字漸漸也在政府官方文件出現。

地方也怕改錯名？

　　到迪士尼遊玩時，如果乘搭港鐵的話，就需要在欣澳站轉車。但你知道欣澳以前並不叫欣澳，而是叫陰澳的嗎？正確點來說，只有迪士尼站名及跟迪士尼有關的填海區才叫欣澳，其他地方仍然是陰澳。陰澳的「陰」字，是指那個地方位處山的北面和水的南面。北面的日照比南面少，是為陰陽之「陰」。而「澳」則是指深入的海灣。但迪士尼公司不喜歡「陰」字，所以就將該處改做歡欣的欣。

　　香港也有其他地方因為意頭而改名的，比如調景嶺，很多人都以為它的原名是「吊頸嶺」，但原來它的原名是「照鏡嶺」，那是因為那裏有很多客家婦女戴着客家傳統

帽子割草，帽子在太陽反射之下就像鏡子一樣；後來有說是因為有個經營麵粉廠的外國人自殺，才被人叫做「吊頸嶺」。差不多情況的是秀茂坪，原名蘇茅坪，因為山頭滿佈蘇茅，但由於有人戲稱其為掃墓坪，所以這兩個地方都要雅化名字。

田下灣位於將軍澳，現在有個田下灣村，你知道它的原名是什麼嗎？是「下流村」。因為「下流」後來跟「無恥」、「賤格」都成了罵人的句子，那當然要改名。田下灣當初名為下流灣，出發點是很正路的，因為當時清水灣半島西岸，就分為上流灣及下流灣，所以是絲毫沒有不敬之意。

現今我們都知道有彩虹區，幾乎忘記了牛池灣的存在。牛池灣之名有風土味道，但它的原名更是有味道，叫「牛尿灣」，因為該處以前是放牛的地方，相信名稱是這樣來的。

還有其他的例子，比如大尾篤變成大美督、大鬼灣變成大貴灣，五鬼山變成五桂山，最後是大家都非常熟悉的旺角，它的原名芒角，因為這個地方種滿芒草，不過改名與意頭無關，但從芒角變望角再成為旺角之後，這裏就成為了全香港最「旺」的地方，你說名字是不是很重要？

街道的命名方法？

Nathan Road
628•636 彌敦道 638•664

Peking Road
北京道 1

Tonkin Street
24•38 東京街 40•42

Queen Victoria Street
16•2 域多利皇后街

　　香港街道超過 1 萬 5000 條，共長 2,107 公里。要為每一條街命名，必定花了許多心血，有些意有所指，有些隨手拈來。曾是英國殖民地的香港，以維多利亞港、皇后大道、英皇道最廣為人知，亦有不少街道是以英國貴族命名，多數集中在曾是「維多利亞城」的灣仔、中上環和西環一帶，例如域多利皇后街、記利佐治街等。當時香港最高領導是港督，所以也有不少街名是以港督命名，如砵典乍街、般咸道、堅尼地道、彌敦道等，其中呈祥道原來是紀念戴麟趾爵士，取自吉祥語「麟趾呈祥」。

　　雖然曾是英國殖民地，但香港與中國息息相關，所

以街道中亦有不少是以中國的省市入名，如北京道、上海街、南京街、山西街、浙江街、江蘇街、福建街等，也有台灣的基隆街、壯族自治區欽州市的欽州街、內蒙古自治區鄂爾多斯市東勝區的東勝道等。

作為國際城市，少不了會有以世界各地國家名或地方名命名的街道，如荷蘭街、東京街、馬來街、河內道等。此外，我們也衝出了地球，灣仔有日街、月街、星街，天后有木星街和水星街，可惜的是沒有儲齊八大行星。

除了以上具意思的街道外，也有一些就地取材，以鄰近建築物、地標命名，如醫院道、大學道、銀行街、差館上街、雪廠街、軍器廠街、戲院里、法院道、書局街、海洋公園道，可謂一目了然。

比較有趣的是，在旺角有些以菜名為街名，如通菜街、西洋菜南街和北街，原來這些道路原本的位置是種植了西洋菜和通菜的水田，所以就有如此命名。不過，最有趣的還是新蒲崗八街的命名：大有街、雙喜街、三祝街、四美街、五芳街、六合街、七寶街、八達街，整齊得來又好意頭，不知道你又最喜歡哪一條街名呢？

為什麼鑽石山沒有鑽石？

　　香港有些地方名十分名不副實，或許你都可以問問父母，鑽石山哪裏找來鑽石？

　　不錯，鑽石山從來沒有出產過鑽石。地名的由來有兩個說法，都源於這裏原本是一個石礦場的事實。第一個說法是，據說這裏的礦石十分閃耀，很直白的翻譯方法；第二個說法較為有趣：鑽石，不是在首飾上幾卡的鑽石，而是「鑽挖採石」的意思，「鑽」是動詞。但改名的官員見鑽石就譯作 Diamond，把一個地方變成了一粒鑽石？不過，是真是假，則不得而知了。

除了鑽石山沒有鑽石，荔枝角也沒有荔枝。荔枝角的原名是孻地腳、孻仔腳，原來是一句客家話來的！它的意思是「兒子在沙灘上的腳印」，相當溫馨的名字呢，但為什麼後來還是改做「荔枝角」？因為那地方是一個圓形的海角，就像一顆荔枝。至於為何是荔枝角不是龍眼角或者葡萄角……就無法考證了。同樣邏輯，我們也可以說筲箕灣沒有筲箕，它其實也是因為地形關係而被改了這樣的名字。

　　名不副實的還有東涌和西貢，或許你會問，這兩個地名明明都很普通，當中又有什麼問題？原來，東涌在香港的西邊，而西貢則在香港的東邊。那需要「正名」為「西涌」和「東貢」嗎？大可不必了。因為兩者命名都有其原因：東涌原本名叫「東西涌」，因為在那個地方，東西兩邊各有一條河流，後來因為發展而分成了「東涌口」和「西涌口」，最後因為東邊的發展比較好，整個區域就統一稱為「東涌」。至於西貢，有說是明朝鄭和下西洋之後，西方來中國貿易進廣東的一個專屬港口，故有「西方來貢」的意思，但此說法還未經過充分的考證，但肯定的是，香港的西貢跟越南的西貢無關。

　　最後，純粹「搞笑」一下，「曲街」是直的，那又算不算名不副實呢？

原來滙豐銀行的銅獅
有名字？

　　若果和爸爸媽媽到中環散步，或許會在中環滙豐銀行大樓地下看到兩隻銅獅，你知道原來它們都有名字嗎？對，張口的、面向門前東邊的一隻叫史提芬（Stephen），名稱來自最初提議鑄造銅獅的滙豐香港總行總司理史提芬（Alexander G Stephen）；合口的、面向門前西邊的一隻叫施迪（Stitt），名字來自 1921 年滙豐上海司理施迪（Gordon H Stitt）。

　　香港滙豐總行現有的銅獅，是第二代。那麼，一共有多少代？答案是六代！第一代 1923 年在上海「出生」，現存放在上海市銀行博物館；第二代即現在滙豐的一對，

是 1935 年仿照第一代原品而製的，這兩代銅獅的名字都是一樣的；第三代則是於 2001 年仿照第二代香港銅獅製作，現存放在英國倫敦金絲雀碼頭（Canary Wharf, London）的滙豐集團新總部大廈門前；第四代也是仿第二代香港銅獅，於 2009 年製造，現時安放在滙豐中國總部、上海國際金融中心的滙豐銀行大樓外；2015 年的第五代銅獅為慶祝滙豐成立 150 周年而製，現在放置於西九龍大角嘴的後勤總部滙豐中心地下大堂；最新一代於 2018 年製成，同樣是仿香港滙豐銅獅，陳列於伯明罕英國滙豐銀行總部大樓外。

二戰時，日軍佔領香港後，銅獅曾被「俘虜」至大阪，準備熔為軍火材料，幸好最後沒能成事，銅獅安全回港，惟身上多了彈痕。之後，當總行於 1981 年拆卸重建時，銅獅被安排擺放在對面的皇后像廣場，有說銅獅跟香港金融的風水有關，至使當年發生大股災云云。最後滙豐請來堪輿學家蔡伯勵商討，選定了 1985 年 6 月 8 日清晨，將銅獅遷回滙豐銀行總行。

兩隻銅獅造型不同，一隻開口，一隻閉口，因此出現了一些「銅獅吃人」，最後讓銅獅閉口以擋災之類的都市傳說，你又會否相信呢？

源於懲罰的怡和午炮？

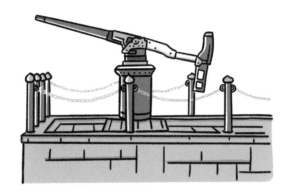

你知道，你也可以在銅鑼灣親身鳴放怡和午炮嗎？

　　在銅鑼灣避風塘岸邊的怡和午炮，來源要追溯至 1842 年。當時，怡和洋行在公開拍賣中得到東角岸邊土地（即現在東角道附近），用來興建貨倉和貨運碼頭。而為了對抗當時的海盜和保護貨物，怡和洋行在該處設立了一座炮台。怎料，炮台不只是用來防禦，每當怡和大班進出香港時，都會以最高規格鳴炮 21 響致敬，此舉當然觸怒了駐港英軍，因為禮炮的原意，是向皇室人員或軍人致敬的。為了道歉，怡和洋行就自行在每日中午 12 時，鳴放禮炮報時，由禮炮「降呢」成為報時訊號 1 響。

發射禮炮也有一點小儀式的，就是射前會先敲鐘 8 下，發射後 30 分鐘則開放讓市民參觀。

1941 年，香港進入日佔時期，大炮被日軍奪去，直到重光之後，英軍向怡和洋行贈送新大炮，此炮可以發射 6 磅重的「哈克開斯式」（Hotchkiss）速射炮（直到 1961 年因為有居民投訴炮聲太響，改用 3 磅「哈克開斯式」速射炮），怡和午炮在 1947 年 8 月 30 日重啟，除了一貫的正午報時鳴炮，在每年除夕的最後 1 分鐘，更加插了「子夜鳴炮」，鳴炮一響除舊歲，迎接新的一年。

那麼，怡和午炮在哪裏呢？首先，在其開放時間的上午 7 時至晚上 10 時，先到銅鑼灣世貿中心近海那一邊的出入口，旁邊有一條隧道通往銅鑼灣避風塘，隧道內有清楚指示由此路前往怡和午炮，到達之後就會看到怡和洋行和蘇格蘭的旗幟在飄揚 —— 因為怡和洋行的合伙人是蘇格蘭人，所以這裏會有蘇格蘭國旗。

至於怎樣才可以親放午炮呢？很簡單，只要向香港公益金捐贈 3 萬 3000 元或以上就可以了，還會收到 1 枚複製彈殼作紀念呢！

林士站有鬼嗎？

林士
Rumsey

　　說到地鐵的都市傳聞，很多人都會提到上環「林士站」，說在上環站月台想走到 E 出口，沿着電梯走上去，在月台與出口中間有一層空置的月台，幾十年來一直丟空……在實地考察後，怎麼完全見不到這個月台？究竟當中發生了怎麼一回事？

　　先說林士站的都市傳聞。傳說，在還未有堅尼地城那幾個伸延站之前，港島線是打算以林士站為終點，而並非後來的上環站。但在興建林士站的時候，有位工人離奇死亡，之後，不少工人都看到有鬼魂在已經建成了的月台上出沒，這消息後來驚動了地鐵高層，於是決定停建林士

站，反而在林士站的下層興建了現在的上環站，而原本用作林士站的大堂，現在則變成了上環站大堂，所以從上環站的月台到大堂，就會經過這個「猛鬼車站」……

以上當然只屬傳說。但傳聞傳得如此真確，是因為林士站真實存在，不過最初不是用作港島線的總站，而是作為一條現在不存在的「東九龍線」港島尾站。這條東九龍線有點像現在屯馬線的部分，有紅磡、土瓜灣、鑽石山等站，而林士站則作為連接港島線的上環街市站（即現在的上環站）作為轉線站，但計劃後來被擱置。不過，為了方便，地鐵公司在更早興建港島線的時候，就已經一併興建了林士站，只是計劃趕不上變化，才導致建成了站後卻不使用的荒謬事。

如果你和爸爸媽媽剛好到上環的話，不用想着一探林士站，因為現在已經看不到林士站月台了，自 2011 年開始西港島線工程，上環站要配合人流而進行改建，月台軌道的部分被牆壁永久封閉，所以往後已完全看不到林士站的痕迹了。

日漸失去蹤影的
霓虹燈招牌？

　　從外國人的角度看香港，比如是電影的取景，都會發現他們大多看中我們的霓虹光管。

　　在晚上時分，走到旺角彌敦道，或灣仔銅鑼灣的一些小街，仍然可以見到霓虹光管，不過數量都較以往少了。霓虹光管是二戰後的新科技，店舖都以此招徠客人。他們並不只是掛在自己店舖的「頭頂」位置，而是架一個鐵架，像向的士招手一樣把招牌名字伸出來，好讓行車行人抬頭一看就留意到。店舖小不要緊，最重要霓虹光管招牌大，而且有專屬的色彩，吸引客人。

由於香港地方稠密，樓宇高，街道狹窄，霓虹光管招牌向上發展，不同大小色彩，形成沒有規劃過的層次感，蔚為奇觀，成為香港獨特的風貌。

　　不過，由於科技進步，LED 燈的發明，幾乎取代了成本和耗電量較高的霓虹光管。LED 的光較小和幼，出來的效果沒有霓虹光管的大氣魄；加上政府在 2010 年開始監管招牌不能自外牆伸出多於 4.2 米，離地不能少於 3.5 米，因此霓虹光管獨特的風景漸漸遭時代淘汰。

　　現在，若果要看燈景，就必須到維港兩旁，看香港夜景。霓虹光管雖然漸漸被 LED 燈，甚至大型熒光屏幕取替，但夜景仍然美麗。晚上 8 時，還會有「幻彩詠香江」。幻彩詠香江是由 44 座摩天大樓及地標一起舉行的雷射燈光音樂表演，歷時大約 13 分鐘 40 秒，以大樓的日常燈飾做背景，配合音樂、燈光及雷射光影。充滿藝術色彩。在尖沙嘴星光大道及灣仔金紫荊廣場，更設有廣播器播放背景音樂及旁白介紹，星期一、三、五播放英語版，二、四、六播放普通話版，星期日則播放粵語版。遇上聖誕節和新年，維港兩旁更會有漂亮的應節燈飾，這都是香港永恒不變的美麗。

郊遊徑的命名秘密？

聽過「看山是山，看山不是山，看山仍是山」嗎？香港有不少好山好水值得我們細看，原來政府在規劃行山路徑時，會根據不同原則為路線取名。接下來，讓我們一起來揭開郊遊路徑命名的秘密吧！

秘密一：香港不少郊遊路徑都是以港督名字命名。早在殖民地期間，政府已規劃了不少郊遊。當時的人以港督的名字為路徑起名，如香港最長的麥理浩遠足徑，全長 100 公里，便以港督麥理浩爵士命名。第二長的路徑則是以衛奕信勳爵命名的衛奕信徑，全長 78 公里。

秘密二：不同難度和長度的路徑會有不同名字。路徑的長短與難度跟命名方式息息相關，如上述所提及過，50公里以上的路徑會被稱為「長途遠足徑」。而難度較低、風景優美的路線，則稱為「郊遊徑」，如大嶼山昂坪的石壁郊遊徑便以風景秀麗聞名。至於郊遊徑路程極短，適合一家大小一起遊覽的路線稱為「家樂徑」。好像大帽山家樂徑全長只有 600 米，是全港最短的郊遊路徑之一。

秘密三：部分路徑極具教育價值。香港郊外的生物豐富多樣，在一些郊遊徑中有機會看到珍貴的動植物，因此極具遊覽價值。比如紅梅谷自然教育徑位於獅子山郊野公園內，5 至 6 月期間，沿途開滿嫣紅的水楊梅，供遊人賞玩。海下灣自然教育徑則位於海岸公園，其中可見紅樹林、珊瑚群落等，充分展現了海傍生態的魅力。

最後提醒大家一個求生小秘訣。漁農自然護理署在香港各郊遊徑設置了標距柱，標距柱約 1 米高，柱面標示了路經的位置編號，每柱根相距約 500 米。假如在郊遊徑上遇到突發事故，可以找尋沿路的標距柱，向救援人員說明自己的位置，減少救援人員搜索的時間。

香港也可以賞櫻？

　　疫情讓我們不能隨心所欲去旅行，爸爸媽媽常常呻不能到外國某某景點觀光。其實有些景色，在香港也可以看到。比如櫻花。香港有 8 個地方，初春來時櫻花正開，讓人期待。

　　按時間順序，首先 1 月可以到大埔海濱公園，這裏種植的是鐘花櫻桃，只有 4 至 5 棵，不過配上其他花如雀尾花、矮牽牛、萬壽菊、鳳尾球等，閃出繽紛的色彩；然後，可以到香港中文大學，1 月下旬至 2 月中旬，新亞書院知行樓宿舍外種了日本河津櫻，到 2 月中至 3 月，可到聯合書院校巴站旁，那裏種了鐘花櫻；同是 2 月中旬，也可以

到長洲關公忠義亭的廟外觀賞台灣山櫻，不過由於土壤問題，近年櫻花樹的數量已經漸漸減少，要看就要盡快看了；2月下旬至3月上中旬，可以到將軍澳單車館公園欣賞9棵台灣鐘花櫻桃以及2棵日本山櫻。

到了3月，正是櫻花旺季，選擇就變得多了。比如到嘉道理農場胡挺生紀念亭，這裏種有鐘花櫻桃（山櫻），一年才開兩個星期，要把握時間，而且，這裏不同月份都有特色的花種盛開，如果喜歡花的話幾乎每個月都要去一次；再來是大帽山扶輪公園，這裏種了超過40株緋寒櫻，值得注意的是，這裏既可以露營，更是看日落的好地方，適合遠足郊遊。

除了郊外，其實市區也有櫻花看的，3至4月間，鰂魚涌公園也有櫻花盛開在石屎森林之間！這裏種植了10多棵富士櫻，富士櫻的特點是花瓣細小、花蕊呈粉紅或淡紅色。空閒時候來拍照，是十分療癒的活動。香港科學園內也種植了數十棵鐘花櫻，3至4月正是開花的季節。

所以，不用到日本，香港人也有一整個春天可以賞櫻。

香港賞紅葉的地點
不止大棠？

　　元朗大棠是十分熱門的觀賞紅葉勝地，許多人都覺得好像不到日本也有紅葉可看，真的太好了。其實兩者是不一樣的：日本看的是伊波呂楓，跟香港的品種不同。不過，不一樣也不代表香港的不好看。

　　香港常見的紅葉有四種，分別是楓香、嶺南槭、野漆和落羽松，當中就以楓香為主。楓香葉是互生（呈交互排列）的三裂葉，邊緣有鋸齒，揉碎之後會散發香味。至於嶺南槭方面，香港有三種槭樹，只有嶺南槭的樹葉會轉紅色，葉子多是五裂的，但也有三裂的。楓香與嶺南槭很相似，不過槭樹的葉子是對生（呈對稱）的。野漆的葉子是

奇數羽狀複葉，葉片呈長橢圓形或披針形。落羽松顧名思義，葉子像羽毛，全株針狀的葉片，在冬季落葉前會漸漸變成紅色。

跟日本一樣的是，秋天是香港賞紅葉的好季節。以往是 9 至 11 月，現在因為氣候的變遷，有時 12 月也會見到紅葉。元朗大棠當然是看紅葉的必到之處，但因為實在太多人前往該處了，有時甚至需要交通管制，所以我們可以到訪其他賞紅葉的地方。比較隱世一點的，有新界大埔船灣郊野公園旁邊的烏蛟騰、犁頭石和小灘，到這個隱世紅葉林去，可以當成一次小旅行。較為人熟悉的地方則有城門水塘東邊的城門林道、大潭水塘水壩附近的燒烤場，以及北潭涌家樂徑。

如果爸爸媽媽忙得沒有時間陪你到郊外，其實市區內也有很多公園可以見到紅葉的蹤影，如香港動植物公園就有一條楓香徑，只要楓葉都轉紅，就會形成一條紅葉隧道；九龍塘有一個根德道花園，由於遊人不多，儼然一個秘密花園一樣。

想看落羽松的話，可以到青衣公園，青衣公園的歐陸式風格建築，配上漫天紅葉，讓人以為置身外國，但也不及天水圍濕地公園的落羽松聳立湖邊，波平如鏡映照出樹林倒影，所以亦被譽為「港版天空之鏡」。

隱身在歌曲裏的
香港地標？

有些香港景點，並不一定要來到該處才能欣賞到。有沒有想過，在串流音樂平台，打開 playlist，將它命名為「香港」，把歌名、歌詞有香港地方和街道的歌，排成一條觀光路線？

首先，選擇陳冠希的《香港地》，「同熱愛這片土地」，以及羅文的《獅子山下》，感受一下香港情懷，然後我們開始深入香港這個地方，用一個愛情故事，由一條《彌敦道》開始。

以尖沙嘴為起點，你首先到《山林道》，再到《九龍

公園游泳池》的瀑布，然後《去信和賣碟》，再探訪《油尖旺金毛玲》，一時感觸，《流淚行勝利道》。之後幸運地遇上了《南昌街王子》，一起走過《浪漫九龍塘》和《浪漫九龍城》，共譜一首《土瓜灣情歌》。

然後，你們是「在百德新街的愛侶，面上有種顧盼自豪」（《下一站天后》），可是「黃金廣場外分手，在時代門外再聚」（《黃金時代》），只能忘記「當初的囍帖金箔印着那位他」（《囍帖街》），最後「站在大丸前，細心看看我的路，再下個車站，到天后當然最好」（《下一站天后》），但亦可以到中環「如有天置地門外，乘電車跨過大海」（《櫻花樹下》），可是，你仍然渴望「從筲箕灣到尾，陪住我陪住你」（《我們的電車上（走過下世紀）》）。

說完故事了。其實有些歌的歌詞本身就用了許多香港街道、地方串連起來，如 RubberBand 的《一早地下鐵》就有着許多地鐵站的名字。歌手方面，許冠傑、林一峰、My Little Airport 都有許多首歌是以香港的地方命名。專輯方面，2017 年，《港故仔》創作團隊推出原創專輯《港故仔》，將香港每個地方寫成歌曲，是一張以香港地方為主的概念大碟。

接下來，不妨戴上耳機，用耳朵感受香港吧！

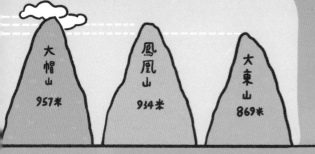

細數香港之最

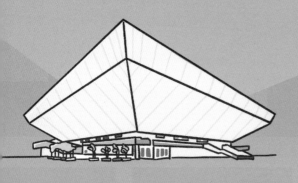

香港的地理之最？

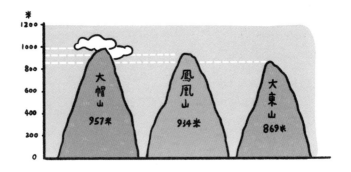

打開地圖，你對香港的認識有多少？

首先由東南西北四大方位開始：香港最東邊的地方，如果只計算大陸部分，就是西貢的大浪嘴，如果連同島嶼計算，就是大埔區東平洲媽角嘴。最南方也是屬於西貢區的，是清水灣半島佛堂角，連同島嶼就是離島區的索罟群島頭顱洲，你應該沒有去過吧？香港的最西邊，是位於屯門爛角嘴，計上島嶼就是離島大嶼山雞翼角。至於最北之地，就是北區蓮麻坑白虎山，北面連接大陸，當然沒有島嶼。

說到島嶼，香港現有 263 座島嶼，總面積約為 309 平方公里，最重要的香港島，其實只是全港第二大的島嶼，有 78.4 平方公里；而最大的島嶼是大嶼山，達到 147 平方公里，很多人以為大嶼山屬離島區，但原來其中的青洲仔半島，即馬灣、欣澳一帶，因為行政原因而劃為荃灣區；至於最小的島嶼，不計算安全島的話，是在九龍灣對出一塊露出海面的礁石，接近啟德發展區，面積只有 0.00012 平方公里，礁石上建有一盞海上導航燈，它是九龍灣海域唯一一個島嶼。至於人口密度最高的島嶼、同樣也是世界上人口第二密集的島嶼，是近年才有鐵路通車的鴨脷洲，面積約有 1.3 平方公里，共居住 8 萬 6355 人，人口密度達每平方公里 6 萬 6426 人。

　　談完島嶼，再談平原和高山。全港最大的平原是元朗平原，面積約 144.3 平方公里。全港最高的山是位於荃灣與元朗交界的大帽山，高海拔 957 米；第二是海拔 934 米的鳳凰山；第三名則是海拔 869 米的大東山，至於全港最低的地方，是位於香港島東南的蒲台群島水域，螺洲島以南及蒲台島以北的螺洲門，只有海平面以下 66 米，目前被政府作為「爆炸品傾倒區」，應該也算是最危險的地方吧。

香港最高的大廈在哪裏？

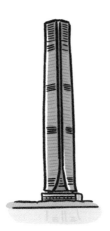

香港摩天大廈林立，令人讚歎不已。相信你一定很有興趣知道香港最高的大廈是哪幾棟，接下來就馬上細數香港摩天大廈的發展史吧！

在 1982 年，合和實業有限公司在灣仔皇后大道東興建了合和中心，這棟樓一共有 66 層高，高度達 216 米，在落成後便傲視群雄，成為香港最高的建築物。但不到 7 年，中銀集團便在中環興建中銀大廈。這棟高達 368 米的摩天大樓於是一躍而上，取代合和中心，變成全港最高的大廈。

不過，中銀大廈佔據榜首的紀錄維持時間比合和中心更短。不足一年後，信和及新鴻基地產便在灣仔興建了374米高的中環廣場大樓。這座大樓至今仍然是全港第三高的建築。那麼，又是哪一棟大廈在2003年擠下中環廣場大樓，佔據香港的最高點呢？

　　答案是國際金融中心二期，簡稱「國金」，英文縮寫則是「IFC」。這座摩天大廈位於中環，樓高88層，共416米高，由新鴻基和恒基地產興建。這座大樓落成時曾是大中華地區第二高的建築物，更被不少人視為香港的地標，在不少荷李活電影中都能找到這棟大樓的身影。雖然國金以「全港最高大樓」的名銜為人所熟悉，不過，這個紀錄仍在7年後被「後浪」打破。

　　2010年，新鴻基地產和港鐵在西九龍興建環球貿易廣場（ICC），這座大樓高484米，比國際金融中心二期足足高了68米。如果以層樓計算的話，118層的環球貿易廣場則比國金足足多了30層樓！ICC亦是香港目前唯一一棟超過100層高的建築物。

　　不知道ICC可以在香港建築物高度排行榜上霸佔榜首多少年呢？就讓我們拭目以待吧！

哪個水塘的容量最多？

　　香港有許多水塘，目的是收集雨水，以穩定淡水供應給市民使用。現在香港水塘的總容量，超過 5 億 8600 萬立方米，慶幸香港近年雨水都比較多，再加上向內地買東江水，香港人就不愁無水用了。

　　香港的水塘分為兩類，一是食用的水塘，二是灌溉用的水塘。香港最歷史悠久的水塘是薄扶林水塘，早在 1863 年就完成興建。其實，大潭上水塘、香港仔下水塘，都是建於 19 世紀。早期的水塘儲水量不多，如大潭上水塘有超過 140 萬立方米，已經算是大水塘了。直到 1968 年興建船灣淡水湖、1978 年興建萬宜水庫，已

佔去全港水塘總儲水量的 87.2%。萬宜水庫目前仍然是香港最大的水塘，容量達 2 億 8100 萬立方米；船灣淡水湖位列第二，達 2 億 2900 萬立方米。以面積來說，船灣淡水湖比萬宜水庫大一倍，但由於萬宜水壩比較深，所以其容量反而比淡水湖多約 22%。

值得記下來的是，有些舊水塘已經被填為平地，給人居住。如在東區的七姊妹水塘和太古水塘，現已成為私人住宅；藍塘水塘成為香港網球中心和香港木球會。南區的黃泥涌水塘公園，在名稱中記下了曾經是水塘的事實。此外，1950 至 1960 年間，水務署同時計劃於東九龍建設兩個供應鹹水的配水庫，就是佐敦谷水塘和馬游塘水塘，惟兩者在 80 年代都被填平，一度成為堆填區。後來前者變成了佐敦谷公園，後者則成為一般的地方。

以上水塘都是政府擁有的，但其實香港也有私人水塘，就是愉景灣水塘，曾經為愉景灣的居民提供食水，直到 2000 年改由水務署向愉景灣居民供水，而愉景灣水塘現在只供應鹹水，作公眾地方作淋花之用。

哪條隧道最長？

　　香港山多，港島與九龍之間又隔了一個維多利亞港，所以隧道是貫穿各個地方的捷徑。而香港又是一個鐵道城市，所以隧道又分為行車隧道和鐵道隧道，至於這裏我們會集中介紹行車隧道。

　　香港第一條行車隧道是獅子山隧道的南行管道，即沙田出九龍方向，於 1967 年通車。為什麼要建隧道？話說 60 年代，香港屢次發生嚴重旱災，政府需要鑿通九龍坳建設食水輸送管，規劃的時候亦一併研究興建一條容納 2 條行車道及 3 條大水管的隧道。至於北行管道，則是落成在 10 年之後，稱為「第二獅子山隧道」。有趣的是，其實這

兩條隧道的名稱不同，但我們已經將他們「一體化」，成為「獅子山隧道」。至於香港第一條海底隧道，是紅磡海底隧道，也是香港第二條隧道，於 1972 年通車。

之後，陸陸續續有隧道落成，時至今日，香港共有 23 條行車隧道，其中 1988 年建成的大老山隧道，一直是公認最長的隧道。但有趣的是，資料顯示大老山隧道長 3,950 米，比後來 2020 年 8 月通車的龍山隧道（4,800 米）和同年 12 月啟用的屯赤隧道（5,000 米）要短；不過，大老山隧道鑽石山入口的那一邊，有一條與觀塘繞道重疊的高架引道，超過 1,000 米長，屬隧道區域一部分，故此，大老山隧道實際的起點是以麗晶花園開始計算，最後得出：大老山隧道連同引道，全長 5,850 米，仍然是全港最長的隧道。

收費方面，就以西區海底隧道最貴，用私家車為例，法定收費是 255 元，現在則收取優惠價 75 元直至另行通告，但在優惠之下仍然冠絕全港。至於最便宜的，除了不用收費的隧道外，就是將軍澳隧道，只收 3 元。

香港和諾貝爾獎
有什麼關係？

　　要數世界性的殿堂級獎項，一定會想到諾貝爾獎（Nobel Prize）。諾貝爾獎是來自瑞典富有的化學家阿佛烈·諾貝爾（Alfred Bernhard Nobel），他在遺囑中寫明，於 1901 年開始，利用他龐大的遺產，每年頒發 5 個獎項：物理、化學、生理學或醫學、文學、和平，由於諾貝爾獎的歷史悠久，所以聲望很高。

　　自獎項創立以來，一共有 12 位華人拿過諾貝爾獎，其中兩位跟香港有關。第一位是崔琦，他是第一位曾在香港接受教育的諾貝爾獎得主。他在 1998 年與羅伯特·勞夫林及霍斯特·施特默，以「分數量子霍爾效應」的研

究成果，獲得諾貝爾物理學獎。「分數量子霍爾效應」略為複雜，或許等你長大後讀物理科時再去了解會更好。崔琦出生於河南省，1951 年 12 歲的時候來到香港。曾就讀於香港培正中學及金文泰中學，之後赴美留學。1982 年轉任普林斯頓大學電機工程系教授至今。

　　另一位是高錕爵士，他在 2009 年獲得諾貝爾物理學獎，表揚他在光傳輸於纖維的光學通信領域突破性成就，可以說，沒有高錕，就沒有今天的互聯網。高錕 1933 年在上海出生，1949 年來港定居，是香港永久居民。高中就讀聖若瑟書院，因香港大學沒有電機工程學系，所以他到了英國重讀高中伍利奇理工學院，1957 年於英國倫敦大學學院電子工程理學取得學士學位，1965 年再取得倫敦大學學院電機工程學哲學博士學位。1966 年在英國標準電信實驗室做出最重要的光纖實驗，1970 年返回香港，1987 至 1996 年擔任香港中文大學校長。由於高錕老年獲諾貝爾獎時已經患上失智症，所以在諾貝爾頒獎典禮上獲得特別安排，不用走到台中間領獎，也不用鞠躬，而是瑞典國王破例走到他面前，為他頒獎。而他的得獎演說則由其夫人發表。2018 年 9 月 23 日，高錕病逝，享壽 84 歲。

香港運動員的第一面
國際性獎牌由誰奪得？

　　香港體育健將在 2021 年舉辦的 2020 東京奧運滿載而歸，奪得 1 金 2 銀 3 銅的佳績，其中張家朗在劍擊項目為香港奪得第二金、何詩蓓在游泳項目一人獨得兩面奧運銀牌最為矚目。但其實香港運動員是經過一代一代人的不斷努力、一步一步才能在國際賽上嶄露頭角。

　　香港在國際賽場上的第一面獎牌，要數到 1954 年於菲律賓馬尼拉舉行的亞運會，當時是香港首次派隊參加，由田徑洋將 Stephen Xavier 贏得一面男子 200 米銅牌。之後就已經要到 32 年之後的 1986 年漢城亞運，在保齡球女子單打項目，車菊紅以 1,165 分為香港取得「亞運第

一金」，再加上她在女子優秀賽中取得一面銀牌，當時以1金1銀的成績轟動香港。

至於香港奧運第一金，是說出香港人均熟悉的名句「香港運動員並不是垃圾」的風帆好手李麗珊，她在1996年阿特蘭大奧運會滑浪風帆項目奪得金牌，香港人都稱她為「風之后」，並掀起了滑浪風帆熱潮。

不過，香港在近20年的亞運會都大豐收，桌球手傅家俊、單車選手黃金寶連續4屆都有獎牌，其中傅家俊的3金3銀是香港獲得最多獎牌的選手；當然少不了香港史上首位單屆「雙料冠軍」的單車手李慧詩。女將吳家樂的成績也相當值得記下的。她先後於1986及1994年兩屆亞運獲取游泳銅牌及銀牌，之後轉戰划艇，在1998年曼谷亞運再得到2面銀牌，一人代表2個項目出席亞運皆取得獎牌。

有趣的是，1921年在上海舉行的遠東運動會，中國足球隊以香港的南華足球隊代表參賽，並奪得冠軍。這又算不算是隱藏版的「香港第一金」呢？

香港的電視劇之最？

　　說到電視的「香港之最」，腦海中會不會想起，羅樂林一日死 5 次的紀錄？相信這個有趣的巧合應該前無古人後無來者。話說羅樂林在 2011 年 4 月 6 日晚開始，首先在 20:30 時段的《洪武三十二》飾演朱元璋駕崩；然後在 21:30 時段《女拳》飾演平叔再死一次。同日晚上重播的《七號差館》以及翌日早上播出的《布衣神相》，均出現交代羅樂林所演角色死亡的情節，一天內死 4 次。至於第五次其實是誤傳的，4 月 7 日下午重播的《皆大歡喜》中，他的角色早已死去。但一日死 4 次還是讓他另類蜚聲國際。

還有個一問就會知道答案的電視之最，當然是「最長久的兒童節目主持」譚玉瑛，她主持了 32 年，由 1982 年到 2014 年，橫跨《430 穿梭機》、《閃電傳真機》、《至 NET 小人類》和《放學 ICU》4 個節目。現在榮升無線總經理的曾志偉，由 1995 年至 2014 年斷斷續續主持「獎門人」長達 19 年，當屬最長綜藝節目主持人。

　　節目方面，最長壽的綜藝節目是《歡樂今宵》，多達 6,613 集。至於最長壽的電視連續劇，則是還在播映的「愛·回家系列」，從 2012 年起，截至 2021 年間播了 2,635 集。以年期計算，最長壽的節目是《警訊》，由 1973 年開始播到 2020 年，長達 47 年之久。而從前叫《叮噹》，現在叫《多啦 A 夢》的動畫，由 1982 年播映至今，是最長壽的外購動畫節目。

　　最後是收視方面，最高收視的是外購韓國劇集《大長今》，其大結局收視 50 點，約 321 萬人次收看，看來這紀錄永遠都沒有機會打破了。以上大部分都是無線電視的節目，但說到歷史最悠久，還是永恒的亞洲電視，壽命是 58 年 309 天。

香港最長的電影系列
是哪一部？

　　香港電影有一個健力士世界紀錄，就是世界最長的電影系列，作品是「黃飛鴻系列」，不是李連杰或趙文卓啊，而是關德興師傅。關師傅第一部《黃飛鴻》電影在 1949 年公演，直到 1981 年最後一部《勇者無懼》，32 年間一共主演過 77 部！其中在 1956 年的一年內，他就主演過 25 部《黃飛鴻》，創下了單人系列電影年度數量最多的世界紀錄。

　　說到香港電影，當然不能不提最高榮譽「香港電影金像獎」。奪得最多次最佳男主角獎項的是梁朝偉，分別飾演《重慶森林》的警員 663、《春光乍洩》的黎耀輝、

《花樣年華》的周慕雲、《無間道》的陳永仁及《2046》的周慕雲。至於奪得最多次最佳女主角，則是張曼玉，憑《不脫襪的人》的黃小姐、《阮玲玉》的阮玲玉、《甜蜜蜜》的李翹、《宋家皇朝》的宋慶齡及《花樣年華》的蘇麗玲奪得。最多次奪得最佳導演的則是許鞍華，憑《投奔怒海》、《女人四十》、《天水圍的日與夜》、《桃姐》、《黃金時代》、《明月幾時有》6 次奪得這個殊榮。獲獎最多的電影是《一代宗師》，在 2014 年的第 33 屆金像獎中獲得 12 項大獎。

票房方面，最高的是大家熟悉的《復仇者聯盟：終局之戰》，達 2 億 2189 萬 5530 港元。相反的是，有兩套電影票房收入為零，分別是 1996 年的《廢話小說》及 2003 年《天使死神》，相信大家都沒有在電影院內看過。如果只計算香港電影的話，最高票房的是《寒戰 2》，達 6605 萬港元。至於累積票房收入最高的男演員應該猜到是劉德華吧，累計票房收入約 17 億 3000 萬港元；至於女演員，則是吳君如，有約 7 億港元票房收入。

哪一張唱片最多人買？

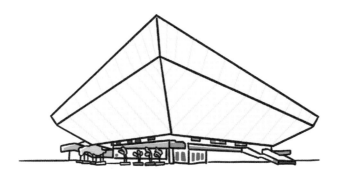

　　香港樂壇自 80 至 90 年代蓬勃之後，近年有再起之勢。香港音樂能否衝出亞洲，令人期待，而香港樂壇之最，你們又知道多少呢？

　　這可能就要回到你爸爸媽媽的年代了！ 80 年代譚詠麟、張國榮與梅艷芳鼎足而立，90 年代四大天王四分天下，為人津津樂道。在翻版唱片和串流音樂出現之前，唱片銷量是歌手紅與不紅的指標。70 至 90 年代的本地樂壇，有以銷量為標準的「IFPI 香港金唱片頒獎典禮」，金、白金及雙白金唱片銷量標準則定為 3 萬張、5 萬張及 10 萬張或以上。後來唱片業不景氣，標準就調低至 1 萬

5000 張、3 萬張、6 萬張或以上。在 1977 至 2008 年間，個人奪得最多白金唱片的是譚詠麟，有 20 張唱片達白金的成績。至於大碟方面，就是 1985 年梅艷芳的《壞女孩》，創下了八白金的紀錄。

除了出唱片，還有開演唱會。香港的演唱會聖地當數我們稱為「紅館」的香港體育館。第一位於紅館開個唱的男歌手是在 1983 年 5 月舉行演唱會的許冠傑，女歌手則是同年 12 月舉行演唱會的鄧麗君。徐小鳳在 1992 年 7 至 8 月期間連續舉行 43 場個人演唱會，是最短時間內，在紅館開演唱會最多場數的歌手，曾被列入當時的健力士世界紀錄大全。多年間在紅館開過最多場次的歌手是譚詠麟，自 1984 年開始，開過 17 個演唱會，共 187 場，這數字還未計算他與李克勤、許冠傑等的合作演唱會。

獎項方面，按各個電視台、電台的綜合頒獎禮計算，奪得最多次最佳男歌手的是劉德華，女歌手則是容祖兒。不過，香港歌手喜歡「退出頒獎禮」，創先河的是譚詠麟，在 1987 年宣布不再競逐獎項，之後歌手去到某一個地位就會自動退出。那麼最佳男女歌手是否真的「最佳」？這不好辯論，畢竟每個人心中都有自己的最佳。

和香港有關的
健力士世界紀錄？

　　打開健力士世界紀錄的網站「Guinness World Records」，搜尋「Hong Kong」，你會發現有 329 個結果。其中有幾個是比較有趣的：

　　找一個你有機會破到的紀錄：2020 年 2 月 1 日，有一位叫 Jonathan Wong 的人，花了 7 小時 36 分鐘 10 秒，把每一個港鐵站都搭過一遍。理論上只要你在一些轉車站跑得比他快，就可以破到。不過當屯馬線全面開通後，站數增加了，那該怎樣計算呢？這就不知道了。

　　也有一些紀錄，是需要專業技術的。2018 年 10

月 22 日，香港康得思酒店的 housing keeper Chow Ka Fai，以 1 分鐘 9 秒鋪好一張 king size 的牀，可謂牀上一分鐘，牀下十年功。

只要有動員力，拿一個健力士紀錄好像不太難。因為有許多紀錄都與動員有關，比如：2017 年 5 月 7 日，香港女童軍總會元朗分會集合 1,082 人，舞了 108 條龍；2018 年 3 月 26 日，296 人一起接受手部按摩；2021 年 12 月 12 日，香港婦聯發起的 671 人一起做高抬腿運動，以上都是世界紀錄來的呢。

不單在香港，香港人去到外國，如果有動員力，也是可以創世界紀錄的。2017 年 10 月 15 日，Hong Kong Joint Universities Alumni, Ontario，在加拿大多倫多發起 343 人一起用乒乓球拍彈乒乓球，又是一個世界紀錄。

如果跑得慢不夠快，又沒有專業技能，更沒有動員力，那麼願意儲喜歡的東西，也可以成為世界紀錄。你喜歡看《海賊王》嗎？世上擁有最多《海賊王》收藏品的人，在香港。2021 年 4 月 11 日，健力士認證 Lam Siu Fung 收藏了 2 萬 125 件《海賊王》藏品成為世界紀錄。時隔一年，相信他自己也繼續破着自己的紀錄呢。

其實只要有愛心和創意，也可以創造一個世界紀錄：2020 年 12 月 6 日，在這個重要的日子，仁愛堂用 100 元和 50 元的紙幣，共花費 22 萬 4300 元，摺出 5,000 個愛心，成為最大型愛心紙幣展覽的世界紀錄。

教科書沒有告訴你的奇趣冷知識 香港篇

編　　　　　者	明報出版社編輯部
助 理 出 版 經 理	周詩韵
責 　任 　編 　輯	陳珈悠
文 　字 　協 　力	潘沛雯
繪　　　　　畫	Winny Kwok
美 　術 　設 　計	郭泳霖
出　　　　　版	明窗出版社
發　　　　　行	明報出版社有限公司
	香港柴灣嘉業街 18 號
	明報工業中心 A 座 15 樓
電　　　　　話	2595 3215
傳　　　　　真	2898 2646
網　　　　　址	http://books.mingpao.com/
電 　子 　郵 　箱	mpp@mingpao.com
版　　　　　次	二〇二二年五月初版
	二〇二二年十一月第二版
I 　S 　B 　N	978-988-8688-54-8
承　　　　　印	美雅印刷製本有限公司